在競爭中不存在著謙讓

在競爭中不存在著謙讓

狼魂

狼性的經營法則

狼群捕捉獵物靠的是群狼的合作，各自分工
企業的經營更是需要群策群力、團隊精神

讓我們
以狼為友、以狼為師
以狼性為經營、管理注進新的思維

前言

曠世奇書《狼圖騰》橫空出世，市場上熱銷。狼群在草原上縱橫了幾千年，以自己桀驁不馴的品格，不屈不撓地搏鬥著，生存著，繁衍著，把可歌可泣的事蹟留給了蒼天，留給了茫茫的草原。從狼的身上，我們能得到許多有益的啟示，化作源源不盡的精神力量，為我們的人生和事業增添無限精彩。

對市場人士來說，狼的啟示作用就顯得更加明顯，也更加深刻。海爾集團董事局主席張瑞敏深有感觸地說：「讀了《狼圖騰》，覺得狼的許多難以置信的戰法很值得借鑒。其一：不打無準備之仗，踩點、埋伏、攻擊、打圍、堵截，組織嚴密，很有章法。其二：最佳時機出擊，保存實力，麻痹對方，並在其最不易跑動時，突然出擊，置對方於死地。其三：最值得稱道的是戰鬥中的團隊精神，協同作戰，甚至不惜為了勝利粉身碎骨，以身殉職。商戰中這種對手最恐懼，也是最具殺傷力的。」

狼的智慧和謀略永遠是我們學習的榜樣，從狼的一系列行動中，我們看到的是強者與智者的完美結合。學學狼的這些謀略，能使我們在市場競爭中獲益非淺。

也許有人不以為然，認為市場經營應該信譽至上，而狼過於狡詐、殘忍，是與「信譽第一、顧客至上」的宗旨格格不入的。其實這完全是一種誤解，慘烈的商戰與狼的生存競爭驚人地相似：在你死我活的生存競爭中，在「勝者為王、敗者為寇」的市場角逐中，如果心存善念（此為婦人之仁），對競爭對手一昧地心慈手軟，那麼就會被對方毫不留情地吃掉，這已經被無數事實所證明，而且還將被新的事實不斷地證明著。

所以在開展商業活動的時候，我們一定要像狼一樣，做到快、狠、準。

另一方面，狼也是負責任、有親情的，狼對家族中的老弱病殘都是保護體恤，給予無微不至的照顧。剛烈、凶猛的品性與至善、至美的親情在狼身上得到了完美展現，比起我們身邊那些無所不用其極的奸商們不知要強上幾萬倍。

我們認為，學習狼的戰略、戰術，學習狼的精神、意識，對市場人士來說，就成了一門重要的必修功課。基於此，我們特意編寫了這本書，從狼王、狼士、狼智、狼勇、狼謀、狼策、狼術、狼計、狼斷、狼義、狼魂等方面入手，來闡述「狼」對市場競爭的現實意義，並透過商戰中一系列有代表性的經典案例，總結出一些切實可行的具體做法，希望能給市場中的朋友送去一些有益的參考。

狼有魂魄，人有精神，自強自立，開拓進取，就是狼之魂，就是人之神。

從狼道中悟出商道，從商道中把握住自己的成功之道，這是我們的由衷希望，也是把這本書奉獻給朋友們的最根本原因。如果真能達到這個目的，那麼我們的欣慰將是難以用語言來形容的。

・書目・

第一章 狼王：沉穩老辣，總攬全局

第一章　狼王：沉穩老辣，總攬全局

狼王是狼群中的高明領導者和堅強的核心，牠充滿智慧，勇於進取，當斷則斷，高瞻遠矚，部署了一次次大規模的捕獵行動，在惡劣的生存環境中，率領狼群頑強地奮戰不息。

市場競爭如同狼群的生存環境一樣，充滿著弱肉強食的殘酷和功敗垂成的巨大挑戰。只有像狼王那樣，沉穩老辣，總攬全局，以良好的心態、超前的決策意識、高瞻遠矚的獨到眼光，對市場進行客觀、科學的分析，準確的判斷，才能做出正確的決策，迅速展開有效的經營活動，使自己的企業不斷由弱變強，由小變大，逐漸成長為本行業中的佼佼者。

公司的前程被自己的實力左右著，事業的輝煌被自己的實力決定著，因此狠下功夫，苦練內功心法，是每一個有志於市場競爭的強者所必須高度重視的。

強健的領導團隊是企業前進的動力

以狼王為核心，以頭狼、大狼、巨狼為領導班子成員，整個狼群極有組織地成為一個戰鬥的團隊。

在激烈的市場競爭中，我們首先要把自己擺放到「狼王」的位置上，然後再廣泛提拔一批才華橫溢的人才進入領導團隊，形成一個堅強的領導團隊，才能確保我們的事業體勇往直前。

在狼群中，總有一頭異常凶悍、又異常智慧的狼王作為首領，大狼、小狼、巨狼、幼狼都無一例外地聽從狼王的指揮，有時候採取單兵作戰，有時候則組織起來，進行大規模的捕獵行動，以取得豐碩的成果。

以狼王為核心，以頭狼、大狼、巨狼為領導班子成員，整個狼群極有組織地成為一個戰鬥的團隊，同進同退，協同作戰，保證了狼群在弱肉強食的惡劣環境中頑強地生存下去。

我們常說：「商場如戰場」，商場競爭的殘酷絲毫不亞於狼群生存競爭的激烈，如果不有效地組織起來，單是憑著自己的血氣之勇，而一昧地去強幹、蠻幹，那麼最終必定是落得一敗塗地的下場。

我們經常發現身邊有公司成立，隆重地開了業，但沒過多久，客人們對它還沒有留下很深的印象，它卻已惶惶然地關了門，賠得一塌糊塗，原因何在呢？

原因自然是多方面的，但如果我們深入考察的話，就會發現其中有一個十分重要的原因，就是沒有形成一個強有力、有遠見卓識的堅強領導核心。

在開業前，幾個親朋好友在一起討論，你一言，我一語，談得興高采烈，一衝動，共同組建公司的意向就達成了。你出三十萬，我出五十萬，大家都湊數，草率地一結合，一個公司就誕生了。在這種公司裡，人人都有強烈的賺錢衝動，但敢於負責、能夠把公司帶上健康發展道路的核心式領導人物卻很難隨意地出現。如果開始順利，那麼大家都士氣高昂，一團和氣，但事實上卻並非如此。

開辦公司常常會遇到一些意想不到的情況，必須要有人出面解決，還要面對著開拓市場的一系列難題，必須要有人出面做主。一旦出現了不太如意的情況，這些人就會「樹倒猢猻散」，撤資的撤資，辭職的辭職，一個剛剛成立的公司轉眼就會被扼殺在搖籃裡。

讓我們還是來看看狼群吧：狼群在剿殺獵物之後，就會高興地圍著獵物，轉著圈跑，來表達牠們的喜悅之情，從而留下一道一米多寬的狼道。狼道是非常齊整的，很少有狼會越出圈外，這表明狼群具有高度的組織性和紀律性。

在千百年的生存競爭中，狼群逐漸改變了原來散兵遊勇式的捕獵方式，形成了以狼王為首的強有力的領導團隊，確保了牠們在行動中取得高度的一致性，使牠們的捕獵方式發生了質的飛躍，具有了正規野戰軍作戰的規模，令人既感震驚，又大惑不解。

只有具有紀律性和組織性的團體，才是堅強有力的，不可戰勝的，而組織紀律之所以會形成，就在於擁有一個能被這個團體所廣泛認可的強有力的領導團隊。

對狼群是如此，對軍隊是如此，對一個現代化的公司來說，也同樣如此。

如果上層領導人勾心鬥角、勢不兩立，那麼整個公司勢必如一盤散沙，經濟效益下滑，朝不保夕。要想改變這種現狀，就必須首先從領導團隊入手，進行大規模的整頓。

一九七八年，舉世聞名的克萊斯勒汽車公司陷入破產的邊緣，在這危急關頭，艾柯卡走馬上任，當上了公司的總裁。艾柯卡吃驚地發現，公司居然有三十五位副總經理，不僅人浮於事，而且更嚴重的是，這些上層領導間互相爭鬥，推諉互扯，使公司的業務大受影響。

他當機立斷，一下子解除了三十三位副總經理的職務，只留下了兩位確有才幹、又敢於負責的副總經理進入他的領導班子。與此同時，他還大力選拔人才，如財務專家史蒂夫·米勒在短短半年時間裡，就把公司亂七八糟的帳目整理得清清楚楚，理所當然地進入了他的領導團隊；再如汽車設計專家哈爾·斯珀科奇對市場有超出常人的預感，也被他吸收進了領導核心之中。

如果在生產經營中出現了問題，他就及時召集公司高層人員開會研究，集中大家的智慧，提高解決問題的針對性和果斷性。他還有意識地請來各部門的經理，讓他們也來參與公司的重大決策，提高他們對公司的歸屬感和責任感。他把這種方式稱之為「共識管理」。

艾柯卡的一系列改革舉措，徹底扭轉了公司原有的渙散面貌，公司上下都在為走出低谷而頑強奮鬥，到了一九八三年，公司終於奇蹟般地起死回生，又實現了大幅度地贏利。

一九八五年，他被許多人視為競選總統的最佳人選之一，連當時的美國副總統布希也承認艾柯卡是競選總統的「最強有力的競爭對手」。然而他放棄了這樣的機會，他又對克萊斯勒公司進行了重組，劃分為四大部門，以便在更激烈的市場競爭中，進一步壯大自己。

人常說：「兵熊熊一個，將熊熊一窩。」如果領導團隊軟弱無能，行動遲緩，甚至矛盾重重，大鬧「窩裡反」，那麼這樣的公司要不了多久，就會自動垮台。面臨破產邊緣的克萊斯勒公司就是這樣，這慘痛的教訓應該讓市場中的每一個人都永遠銘記在心。

有的人會說：「我做的是小本生意，用不著領導團隊，凡事自己說了算，領導團隊與我何干？」如果你真的抱有這樣的想法，那就太危險了。拿破崙曾說：「不想當元帥的士兵不是好士兵。」如果你真的不想把生意做大，永遠停留在混口飯吃、小打小鬧的地步的話，那麼你的經營觀念、經營能力都將是十分可悲的。

眾所周知，小本生意的抗風險能力是極低的，必須仰人鼻息，看別人臉色行事，市場中稍有風吹草動，就很可能人仰馬翻，再也無法翻身了。

儘管大公司面對的風險同樣不可小視，但至少是在大風大浪中才有翻船的可能，而面對市場中的小風小浪，一般總是如履平地，有驚無險的。

做大了生意，不僅能給自己賺來更多的錢，還能更有力地提高自己的社會地位，更充分地實現自己的人生價值。所以，只要我們投入了市場的生態群之中去，我們就一定要擺脫當「羊」的弱者心理，努力使自己成為一頭「狼」，並且還要更進一步，還要有成為「狼王」的野心和心理準備。

剛開始起步，公司的規模肯定是很小的，甚至只有三、四個人，但這並不妨礙你組建領導團隊的努力。即使只有三、四個人，你也要精挑細選，要知道，這幾個人在未來壯大起來的公司裡，將會是領導團隊的核心人物。

和自己的親朋好友共事，來一起創業，這種願望是好的，也是可行的，但在這樣做之前，你必須要考慮清楚，親朋好友能不能對自己的事業提供幫助，能不能和自己同舟共濟，共同把公司發展起來。

以家族的形式來組建公司，有其有利的一面，也有其不利的一面。

有利的一面是，在自己的心目中，覺得大家都是自己人，胳膊肘不外拐，話容易談得攏，理應發展得更快一些；不利的一面是，你常常會過多考慮血緣關係，而排斥了人才，使公司的領導團隊混入大量平庸之輩，影響了公司的發展。還有，更可怕的是，有時候親兄弟爭權奪利，幹起仗來，比外人反而顯得更加凶猛。

兩相比較，我們覺得，在公司的領導團隊裡，最好不要大量吸收自己的親朋好友。

還有一種組建公司的形式，就是實行股份制。在自己資金不充足的情況下，讓別人入股，可以有效地吸收資金，使公司開創得更順利一些。但這同時也包含著許多無法確定的危險，由於新公司的未來發展還很不確定，一旦面臨暫時的困境，股東們就會要求抽回股份，使你雪上加霜，把你的公司置於死地。

還有一種危險是，過分看重人才，而不考察其人品，就在開創之初，把與自己意見相左的人招進領導團隊裡來。這樣一來，你就不得不面臨這樣的困境，你們之間的爭執與協調，不僅會錯失不少發展的良機，而且還會使公司進退維谷。

因此，如果你決心組建一個公司，在商場競爭中激流勇進的話，那麼你就一定要把自己擺放到「狼王」的位置上，然後再運用比較科學的手段，廣泛提拔一批才華橫溢的人才進入你的領導團隊，形成一個以你為核心的堅強領導團隊，才能確保你的事業乘風破浪，在任何艱難險阻面前都勇往直前。

超前的決策意識迴避企業風險

狼王善於從蛛絲馬跡中，察覺獵物可能出現的時機和場所，而提前採取行動，進行一場場收穫豐碩的精彩打圍。

與此相類似，市場人士必須具有政治家的眼光和軍事家的謀略，胸懷全局，放眼世界，才能牢牢掌握主動權，使公司永遠能夠把握先機，獲取財富，同時又及時地迴避了市場風險。要想使自己的公司發展起來，把自己的事業越做越好，就必須高瞻遠矚，在別人還沒有發現機會之前，自己就已經慧眼獨具地採取了行動，收穫了勝利的果實。

任何一個在市場競爭中呼風喚雨的人都不是隨波逐流、盲目跟隨別人的人，他們都毫無例外地具有超前決策的意識，才能使他們所採取的每一次行動都有效地迴避了風險，獲取了最大限度的收益。

令人驚訝的是，在生物界，在弱肉強食的大草原中，頑強生存的狼群卻早已無師自通地具有了這種意識，牠們善於從蛛絲馬跡中察覺獵物可能出現的時機和場所，而提前採取行動，進行一場場收穫巨大的精彩打圍。

蚊子成災，倡狂肆虐，成群結隊撲向草原上的所有生靈。馬群在草地上無法忍受，就遷到沙地上去躲避。狼王對此早有預見，牠提前做出了決策，在馬群到來之前，已率領狼群來到了沙地四周，悄悄埋伏下來。

狂風大作，雷電交加，狼群攻擊的時刻到來了，一條條灰色的大狼，勇猛地衝入馬群，頓時馬群一片混亂。

只有對自己所處的周邊環境有細緻的觀察和瞭解，才能有預見，有決斷，使自己牢牢掌握主動權，把獵物最終收入自己的囊中。

市場風雲瞬息萬變，就如天氣的陰晴變化一樣令人難以捉摸，要完全準確地做出預測是十分困難的。但在市場中跌打滾爬的商人們並沒有被嚇倒，他們憑藉自己的天賦和智慧，洞察世事，進行全面的預測，努力使自己的預測符合實際，從而為自己的決策提供依據。

法國學者H．儒佛爾曾深刻地指出：「沒有預測活動，就沒有決策的自由。」為了使自己的公司少走彎路，我們就必須像遠見卓識的狼王那樣，努力做好預測，準確判斷出市場的未來發展趨勢。

市場人士必須具有政治家的眼光和軍事家的謀略，胸懷全局，放眼世界，從長計議，才能進行正確的預測，並進而做出正確的決策。

只有進行了心平氣和的全面預測，才能完全克服盲動的傾向，率領自己的公司一步一步，穩紮穩打，展開有效的行動，取得可觀的成果。

在進行預測的時候，決策者至少要全面考慮這樣兩個問題：一是市場的吸引力，如果市場的需求量相當大，我們投入生產後，會供不應求，利潤率與銷售率節節攀高，那麼市場的吸引力就相當大；二是要對自己公司的實力有一個正確的評估，從技術能力、生產能力到銷售能力，都做到心中有數，以免倉促上馬，才發現自己的公司根本沒有實力繼續做下去，到那時候，想後悔都來不及了。

一個成功的企業家必須具備超越常人的敏感力、洞察力、遠見力和應變力。敏感力能使你更快地抓住問題的實質，把企業塑造成一個科學規範、體系完備的現代化企業；洞察力能使你更快地察覺市場的點滴變化，制訂出成功的經營策略；遠見力能使你更快地提高管理現代化大企業的技能，推動公司的超常規發展；應變力能使你更快地化解市場風險，掃除公司發展道路上的一切障礙。

《孫子兵法》中說：「知道者，上知天之道，下知地之理，內得其民之心，外知敵之情，陣則知八陣之經。」孫武認為這才是一個名符其實的「王者之將」。

可見，要想做到百戰百勝，對決策者的個人素質要求是十分高的，只有知己知彼，對各方面的情況有深入瞭解，對自己所採取的各種行動後果有準確的預測，才能謀而後戰，攻無不克，取得決定性的勝利。

李嘉誠號稱香港首富，可大家知道嗎？他在剛起步的時候，只是一個不名一文的推銷員；他創辦長江塑膠廠的時候，規模還非常小，業務還很難開展，面臨著無法生存的艱難困境，那麼他是怎麼發展起來的呢？

歸根結柢，是他具有遠見卓識，超前的決策意識使他永遠走在了別人前面，當別人還沒有發現市場機會的時候，他已經大膽地採取了行動。

當他得知利用塑膠原料製造的塑膠花在國外極為暢銷時，他眼前頓時一亮，似乎看到了使公司走出困境的一條光明大道。

當時的香港人對塑膠花知之甚少，市場前景還很不明朗，他已經準確預測出塑膠花的潛在市場需求，於是他當即決定—轉產塑膠花。但一個難題就立刻擺在了他的面前，他的工廠裡沒有這方面的技術人才，誰也不知道應該怎麼生產，怎麼辦？

他沒有退縮，而是當機立斷，立刻派人去義大利學習塑膠花的生產工藝，回來後馬上組織生產。在很短的時間裡，他的塑膠花就佔領了香港市場，一炮打響，訂單大量湧來，給他帶來了可觀的收益，他也因此獲得了一個美稱：「塑膠花大王」。

他的工廠擴大了規模，由長江塑膠廠發展成了長江工業有限公司。

過了一段時間，眾多商家看到香港的塑膠花市場異常火熱，都紛紛轉產，使市場呈現出一派繁榮景象。但就在這派繁榮中，他異常敏銳地覺察到市場已經趨於飽和，塑膠花即將在不久的日子裡逐漸凋謝。於是他又先人一步，採取了行動，向房地產業進軍。

一九六四年，塑膠花市場因競爭過於激烈，而逐漸低迷下去，那些跟風而動的商家叫苦連天，不得不狠下心來，削減產量，但仍無法改變鉅額虧損的厄運。

只有李嘉誠在笑，他贏了，贏得很漂亮，贏在他的超前的決策意識上。一九七一年長江地產有限公司正式成立，從此他又牢牢奠定了地產王國的基石。

像李嘉誠一樣幹得同樣漂亮的還有號稱「世界船王」的包玉剛。包玉剛於一九五五年投身船運業，當時正是世界船運史上的空前繁榮時期，船運公司為了賺取更多的利潤，都不約而同地採取「單程包租」的方式，也就是臨時租用，按照船隻航行的里程來計算租金。如果客戶想續租，或是有新的客戶來求租，就可以靈活地隨行就市，抬高租價。

包玉剛經過冷靜思考，認為在表面繁榮的背後，潛藏著即將蕭條的鉅大市場風險，因此他毅然採取了另一種方式，將自己的船隻以合約的方式，長期租給用船戶。這樣一來，租金就要低很多，但收益卻十分穩定。

許多人都笑他傻，但他堅持自己的意見，不為所動。結果呢，最終正確的卻是他。一年之後，船運業陷入蕭條之中，他仍舊擁有穩定的租船收益，繼續擴大船隊規模，而其他船運公司卻已陷入了嚴重的困境，為自己沒有生意上門而憂心如焚，不得不削減船隊的規模。

從市場競爭中的成功者和失敗者身上，我們不難發現，超前的決策意識是怎樣有效地改變了公司的現狀，使公司永遠能夠把握先機，獲取財富，同時又及時地迴避了市場風險，讓自己的事業歷經市場風雨的考驗，不斷壯大，不斷開拓嶄新的市場空間。

臨事沈穩，一切以大局為重

如果達不到七成把握，狼王絕對不會冒險出擊。因為，在狼王眼裡，只有生存才是第一順位。

以大局為重，就是以公司的生存與發展為重，就是站在時代的高度，進行全面的、科學的、前瞻性的分析和判斷，然後再採取有效的行動。

狼王是非常顧全大局的，如果達不到七成把握，狼王絕對不會冒險出擊。對那些自己沒有把握、無法弄明白的東西，狼王是碰都不會碰的。因為，在狼王眼裡，只有生存才是第一順位。

在市場競爭中，同樣也有個大局問題。一個公司的領導者必須具有大局意識，凡事從大處著想，從公司的未來發展考慮，才能採取正確的經營策略，使自己立於不敗之地。

公司不管是大還是小，不管置身於生產領域還是奮戰於銷售領域，都會面臨異常繁雜的事務，都必須處理數不勝數的業務。

面對著同樣的市場環境，經營著相似的產品，有的公司會脫穎而出，成為這一領域的佼佼者，而有的公司卻每況愈下，經營狀況一天比一天惡化，甚至不得不宣告倒閉破產。

一邊是高奏凱歌，奮力開拓，一邊是砸碗賣鍋，勉力支撐。這使我們不能不感慨市場競爭的殘酷無情，但兩相對比，從成功者的身上，我們不是會受到更深刻的啟示嗎？

我們發現，在這兩種經營狀況迥異的公司裡，其總裁、董事長忙碌的程度往往是不相上下的。甚至還會出現這樣有趣的現象，經營情況很差的公司，它的總裁、董事長常常夜不能寐，殫精竭慮地思考公司的發展前景；而業務蒸蒸日上的公司呢，雖然業務更加繁忙，但卻都由各部門的經理們打理得穩穩當當，總裁、董事長反而顯得十分輕鬆。

為何會出現這種不可思議的現象呢？這是因為作為一個公司的領導人物，是必須要有舉重若輕的非凡氣魄的。並不是每一件事情都必須得由「老闆」本人親自決定，一些日常事務是完全可以交給下屬去辦理的。

「老闆」應該是思考大事的人，必須從瑣碎的事務中脫身出來，站在更高的立足點上，來全面分析公司未來的發展趨勢，準確評估當前的經營狀況，善於從一派平和的氣象中發現那些潛在的問題，並在問題擴大之前，把它果斷地處理好。

那些芝麻蒜皮大小事一把抓的人，看起來也很忙，甚至忙得連上廁所的時間也沒有，但效果往往是極差的。他們最大的問題是缺乏全局觀念，東一頭西一頭地瞎抓，如沒頭的蒼蠅，自己都不清楚這樣做到底會帶來什麼具體的收益。

只有站在全局的高度，從大局出發，才能對公司的經營狀況做出透徹的分析，並進而採取果斷的行動，推出一系列令人目瞪口呆的重大舉措，把公司不斷推向新的勝利。

那麼到底什麼是公司的大局呢？說得簡單點，一是公司的生存，二是公司的發展。

生存是第一順位的，只有在市場中站住了腳，「活」了下來，才能使自己的公司進一步發展壯大。凡是與公司的生存密切相關的大問題，都是公司「老闆」們考慮的重點。

對身邊的母狼，狼王是很喜愛的，對自己的狼崽，狼王也是很關心的。但如果狼王發現母狼或狼崽落入獵人手裡，成了誘捕牠的工具，而牠也沒有把握把牠們救出來，牠就會先行離去，保存力量，然後再另尋機會，趁人不備，設法營救。

在做出重大決策的時候，我們很有必要學一學狼王，首先想一想，這樣做會不會危及公司的生存。只有像狼王那樣，先使自己立於不敗之地，才能向前更跨進一步，去考慮公司的發展壯大問題。

李嘉誠深有感觸地說：「作為龐大企業集團的領導人，你一定要在企業內部打下一個堅實的基礎，未攻之前，一定要先守，每一個政策的實施之前都必須做到這一點。當我著手進攻的時候，我要做『最精準的』，有超過百分之一百的掌握能力。」

不輕易冒險，是確保自己生存的前提條件。但這是不是說，我們就要墨守成規，什麼大膽的嘗試都不敢做了呢？顯然不是的，既然公司必須發展，就必然會在未知的領域碰到一定的風險，我們還必須去迎接它、面對它。

這樣的論述是不是顯得有點矛盾呢？其實一點也不，在考慮發展的問題時，必須要以生存為基礎，要反覆權衡，風險到底有多大，收益到底有多大，如果自己有七成以上的把握，風險絕對大於收益，那麼就要果斷地採取行動。

當然，在行動之前，還必須對所要承受的風險有充分的估計，預先做好應對的準備，才會胸有成竹，從容不迫，把公司引向發展的坦途上去。

以大局為重，就是以公司的生存與發展為重，就是站在時代的高度，對本行業做全面的、前瞻性的、科學的分析和判斷，就是在準確判斷的基礎上對公司進行大刀闊斧的改革，使公司更加適合發展的形勢、競爭的市場和需求日益多樣化的顧客。

二十世紀八〇年代，在香港的英資集團陷入了全面的困境，以李嘉誠為代表的華資集團對英資集團發動了全面的收購戰。

怡和集團是英資集團的核心公司，更是首當其衝，困難重重，成為華資集團收購的首選對象，使他們一夕數驚，憂心如焚。

在這危難關頭，西門・凱瑟克出任怡和集團的主席，為了保住「怡和」龐大的產業，他站在全局的高度，對公司的業務進行了深入的考察，決定進行大膽的割捨，收縮防線，全力防禦，以爭取日後東山再起的機會。

他首先把集團的資產進行大規模的出售，以最大限度地減輕債務。他把海外業務全部砍掉，把電話公司的股份賣給了英國大東電報局，把港燈公司出售給了李嘉誠。

經過這番痛徹肺腑的大手術，怡和集團把身上的腐肌爛肉清除得乾乾淨淨，為確保集團的大本營繼續生存奠定了良好的基礎。

但還有一個更加嚴峻的問題令西門・凱瑟克無法輕鬆，就是其下屬的「置地公司」問題。置地公司是怡和集團中舉足輕重的一個大公司，一向與大本營互為依託，採取了互控對方股權的方式，使二者牢固地融為一體，一榮俱榮，一損俱損，同進同退，兩相呼應。

在一般情況下，這種策略是相當有效的，進可攻，退可守，效果顯而易見，但在山雨欲來風滿樓的非常時期，就顯得十分麻煩了。因為集團已經元氣大傷，自顧不暇，而置地公司也是股價低迷，已經成為華資集團收購的主要目標。一旦華資集團取得了對置地公司的控股地位，就很可能會藉助手中的股權，進而間接控制怡和集團，置怡和集團於死地。

西門．凱瑟克站在集團大局的利益上進行了全面考慮，最終下定了決心，然後他花費了大量的精力，把置地公司從怡和集團中分離出來，全面收縮防線，再集中財力物力，死保置地公司。終於，經過如此一番的艱苦努力，怡和集團終於頂住了李嘉誠等人的強硬收購壓力，贏得了東山再起的資本。

無數成功的先例告訴我們，在做出重大決策之前，我們都應該站得更高一些，從全局的高度認真權衡、反覆論證，看看這種決策是否有利於公司的生存與發展。如果答案是肯定的，那麼再付諸實施，成功的把握就會更大一些，所承受的風險就會更小一些。

身先士卒，以身作則的領導風格

在捕獵行動中，狼王親臨戰場，猛衝猛殺。牠下手的動作又快又準又狠，狼們學著牠的樣子，都不顧一切地衝鋒陷陣。

在企業中，領導者做到了身先士卒、以身作則，就能更有效地把整個企業都凝為一體，成為自己立足市場的最大根本。

公司的領導者不僅要有絕對崇高的權威，向下屬發號施令，組織好企業的生產和銷售，而且還必須要有令人景仰的人格魅力，一舉一動都以身作則，任勞任怨，身先士卒，成為職員們效仿的對象和追求的榜樣。

在電影中，我們常常看到這樣的畫面：在敵軍陣地上，軍官站在後邊，聲嘶力竭地命令士兵：「給我上！」可是不管他用槍擊斃了多少個臨陣退縮者，也無法逼迫士兵們勇猛地去殺敵；而在另一陣地上，軍官高喊一聲：「跟我上！」率先向敵人衝去，那麼在他身後，就會有一大群戰士勇敢地跟著前進。

「跟我上」的力度遠遠強於「給我上」，這就是身先士卒的力量，這就是以身作則所帶來的必然結果！

在狼群裡，狼王也是非常重視這一點的。在捕獵行動中，狼王從沒有躲在一旁指手劃腳，牠總是親臨戰場，猛衝猛殺。

馬的個頭比狼大得多，但組織嚴密、作風凶悍的狼群照樣敢對馬群展開攻擊，而且經常能夠取得勝利。

狼王身先士卒，異常勇猛。牠猛撲到馬的身上，用銳利的牙齒死死咬住馬皮馬肉，然後再全身用力，把馬的皮肉活生生地撕咬下來。馬奔跑的速度很快，狼王下手的動作卻總是又快又準又狠。

狼群們學著狼王的樣子，也不顧一切地撲向馬群，把馬群衝殺得四散亂跑。

我們常說：「榜樣的力量是無窮的。」只有領導者先給下屬樹立一個「榮譽」的榜樣，整個企業才會逐漸形成一種積極向上、團結協作的良好風氣，煥發著無限的生機。

艾柯卡出任克萊斯勒汽車公司總裁的時候，公司的財務狀況相當惡劣，已經到了入不敷出、即將破產的邊緣。為了最大限度地節約資金，他果斷下令把高級職員的薪金一律削減十%，並在公開場合向全體員工表示，在企業贏利之前，他只拿一美元的年薪。

年薪一美元，僅僅是象徵性的，就相當於他白白為克萊斯勒公司打工。高級職員們全被此舉震動了，他們削減部分薪金，也是為公司做一份貢獻，又有什麼不能接受的呢？

而對於一般級員工的薪金，他卻宣佈一分不減地照發。對此，公司的所有員工都深受感動，並由此迸發出了強烈的生產積極性。

在他以身作則的精神感召下，公司上下前所未有地團結起來，一起為公司走出困境而奮鬥不息。

對那些有意於市場競爭的弄潮兒來說，要想開創自己的事業，使自己穩居決策者的寶座，就必須從創業的那天開始，把身先士卒、以身作則的功課紮紮實實地做好。

有人也許會說，作為一個決策者，是必須把大量的時間和精力用於思考全局性的大事的，怎麼可能事事處處都給員工做榜樣呢？

這樣的認識顯然是一種曲解，身先士卒，以身作則，並不是要求你去做和員工一樣的工作，而是更多地表現為一種精神感召、一種榜樣激勵。艾柯卡並沒有親臨生產車間、滿頭大汗地親自製造汽車零件，但他不照樣把公司上下都帶動起來了嗎？

尤其是在創業之初，人手少，業務千頭萬緒，更是需要自己親自動手來做。如果能以良好的精神面貌、較高的工作效率給員工們樹立一個好的榜樣，那麼又何樂而不為呢？

僅僅滿足於發號施令、居高臨下地安排任務、近乎苛刻地挑剔員工是遠遠不夠的，市場中的成功人士、優秀的企業家都是非常重視以身作則、身先士卒的作用，他們憑著這種精神開始創業，又憑著這種精神把他們的事業推向前進。

王永慶是台灣現在首屈一指的大富豪，可是他的出身卻很普通。十六歲那年，他東湊西借，好不容易借到了二百元，在偏僻的小巷裡租了一間不大的鋪面，開始做起米店生意。

開業之初，他的生意十分清淡。他思來想去，決定在服務品質上狠下功夫。

在當時的米店裡，出售的米都混有一些雜物，如米糠、砂粒、小石頭等等，是曬稻、碾米過程中混進去的。他要求把米裡的雜物全都揀乾淨，以此吸引顧客。

這可是一件很麻煩的工作，但他說做就做，親自動手，精挑細選，比他自己吃的米挑得還要細心。他的最初的幾個員工都是他的弟弟，在他的帶動下，他們也做得十分起勁。

他還親自送米上門，而這項服務在別的米店裡是從來沒有的。他還更進一步，站在顧客的立場上，體諒多數領薪顧客的難處，允許顧客賒帳（等月頭或月底領薪時再結帳）。這樣一來，他的生意明顯好轉，雖說所處位置不佳，但還是一天一天發展起來。接著他又開了一家碾米廠。

在他的碾米廠附近，還有一家日本人開的碾米廠，規模、產量比他大得多。但，那家碾米廠每天下午六點就停工了，他卻要一直做到十點多，在產量上逐漸超過了日本人，利潤也越來越大。

廠裡穀塵米屑四處亂飛，一天做下來，渾身都刺癢得難受。日本人每天都要上公共澡堂洗澡，洗澡的費用每次三分錢，但他卻連這三分錢都不捨得花，他總是跑到水龍頭底下，用涼水沖一下就行了。

他做得如此辛苦，如此努力，就是因為他知道自己輸不起，自己必須以堅忍不拔的毅力取得成功。由於他這個老闆都能如此拚命苦幹，員工們還有哪一個會偷懶呢？

創業難，守業更難，後來他發達了，擁有了世界上最大的塑膠企業—「台塑」，成了遠近聞名的「世界塑膠大王」，再也不用親自去幹那些又苦又累的工作了，可是艱苦持平的奮鬥作風卻被他永遠保持了下來，成了鼓舞企業士氣、促進企業發展的強大的精神力量。

從王永慶的身上，我們感受到了一個成功者人格的魅力。不管我們從事什麼樣的生產經營，不管我們置身於什麼樣的市場環境中，我們都應該做到身先士卒、以身作則，以便更有效地把整個企業凝為一體，熔鑄成光芒萬丈的企業形象，成為自己立足市場的最大基礎。

從個人角度來講，如果我們做到了這一點，就把高尚的人格充分展示給了世人，使周圍的每一個人都被深深折服。

強權、錢財可以征服人心一時，但高尚的人格卻可以征服人心一世，聲名遠播，萬古流芳。因此，任何一個成功的企業家，都是非常重視自己的個人修養的，正因為他們做到了身先士卒、以身作則，才使他們像狼王一樣永遠高高在上並受狼群尊敬。

處變不驚，謀定而動的行事策略

狼群陷入了獵人的包圍圈中，狼王對此似乎早有預料，牠十分鎮定，辨明形勢，果斷率領狼群突圍。

在市場競爭中，只有處變不驚，才能像狼王一樣，使自己的頭腦永遠保持冷靜，在困境面前迅速做出準確的判斷，觀察到別人未曾發現的情況，為自己找到一條生路。

人常說：「天有不測風雲，人有旦夕禍福。」在日常生活中，我們經常面對許多難以預料的事情，既有意外的驚喜，讓我們喜出望外，也有不可預知的災難，使我們肝膽俱碎。

就連號稱「智絕」的諸葛亮也曾仰天長嘆：「謀事在人，成事在天。」面對出乎預料的戰爭結局，他也只有徒喚奈何。

在戰鬥中，在競爭中，意外的好結果來到面前，簡直是上帝對我們的恩賜，我們只管盡情享用就是了。但不幸的是，上帝的這種恩賜總是太少太少，而不妙的情景總是如影隨形，時時刻刻都會降臨，讓我們常常要冒身冷汗。

這就需要考驗我們的領導才能和領導智慧了。既然意外情況出現了，作為一個領導人，就必須讓自己儘快地冷靜下來，用良好的心態，以最快的速度，在極短的時間裡，對新形勢做出正確的判斷，形成新的決策，並立即付諸實施，以扭轉不利的局面。

狼群對黃羊們實施了有效的包圍，發起了猛烈的攻擊。十幾隻大公羊奮力突圍，用銳利的尖角拚死抵抗。狼王當機立斷，讓這些大公羊衝出了包圍圈，任由牠們逃之夭夭，然後再將缺口封死。剩下的黃羊失去了頭領，只好束手就擒。

既然黃羊中的強悍者太難對付，那麼就避實擊虛，避強擊弱。狼王鎮定地做出這樣的決斷，不也同樣達到捕獵的目的了嗎？

狼群陷入了獵人的包圍之中，狼王鎮定地辨明形勢，毅然率狼群向山口猛衝，佔領制高點，再施展山地作戰的本領，突出重圍。

狼群既然能包圍黃羊，就肯定會有被獵人反包圍的時候，狼王早料到了這一天，牠鎮定地率領狼群實施果斷的突圍。

只有處變不驚，謀定而後動，才能使自己的頭腦永遠保持冷靜，才能在困境面前做出準確的判斷，觀察到別人未曾發現的情況，為自己找到一條生路。

市場競爭就像弱肉強食的生存搏殺，充滿著瞬息萬變的形勢轉換，我們只有像狼王一樣，對這種形勢有充分的認識，對不利局面有充分的估計，才能經過千錘百練，使自己的心態變得堅不可摧。

古人形容將帥風度時說：「泰山崩於前，而色不變。」只有使自己的心態歷練到了這種境界，才能把自己的事業做大，使自己在市場競爭中真正成為一個強者。

賓士汽車公司是世界上一流的大公司，在一百多年的發展歷程中，公司經歷了無數不可預料的災難，但都憑藉他們良好的機制和運作市場的高超智慧，最終扭轉了局面。

一九九七年八月三十一日，英國王妃戴安娜遭遇車禍而死，而她乘坐的恰恰是賓士豪華轎車。在電視畫面上，全世界的觀眾都看到賓士車被撞成了一堆散架的廢鐵，車的氣囊也沒有全部彈出，然而被撞擊的石柱卻未受損傷。

這條轟動世界的新聞對英國王室是一場災難，對賓士公司來說，同樣也是一場深重的災難。這將嚴重影響賓士車的聲譽，如果應對不當，就會在今後的幾年間大大降低賓士車在全球汽車市場的佔有率。

不出所料，賓士公司的競爭對手抓住了這千載難逢的時機，把攻擊的矛頭直接瞄準了賓士車。

瑞典名車富豪（VOLVO）儘管在品牌和品質上都無法與賓士相媲美，但其澳門經銷商還是率先出馬，在澳門日報上打出了很有煽動性的廣告：「世上沒有任何東西比自己的生命更具價值和值得珍惜，因為沒有生命，一切都會隨風而逝……」他們別有用心地表示：「VOLVO富豪汽車向熱愛和平及推動人道精神的威爾斯王妃戴安娜致敬」。

這則廣告的用意十分明顯，是在向世人宣佈：假如戴安娜乘坐的是VOLVO，而不是賓士，就很可能不會喪生；在安全性能上，VOLVO是優於賓士的，因此要購買汽車，還是選擇VOLVO吧。

在競爭對手咄咄逼人的攻勢面前，全世界的人們都在注視著賓士公司，希望看到它拿出高明的應對之策。然而賓士公司卻出人意料地—選擇了保持沉默。

不久又有人宣佈，願出資一〇〇萬美元購買戴安娜賓士車的殘骸，並向全世界展示。這是在向賓士公司公開挑戰了，但賓士公司卻照樣不為所動。

有消息稱戴安娜王妃死於謀殺，但，賓士公司發言人卻僅僅籠統地表示：「這是一場災難性的車禍。」

賓士公司不動聲色，在面對挑戰前處變不驚，表面上看是被動挨打，落在下風，其實卻正表現了公司的深謀遠慮。VOLVO 澳門分銷商雖說一舉成名，但藉助災難含沙射影、打擊同行，這一行徑卻是很不道德的，這則廣告一經刊出，就引起輿論大嘩，招致世界各地的廣泛指責。

瑞典富豪汽車總公司當機立斷，出面表明自己的立場，也公開指責自己的澳門經銷商此舉的「不道德」，完全否定了這則廣告，與經銷商劃清界限，以圖挽回影響。VOLVO 乘人之危，本想坐收漁人之利，誰知卻偷雞不成蝕把米。

賓士公司不動聲色，在驚濤險浪面前巋然不動，卻又一次大獲全勝，贏得了人心。

在不斷變化的市場面前，永遠保持心態的平衡，是成功的市場人士的一大法寶。賓士公司之所以歷經一百多年的風風雨雨，屹立不倒，穩居汽車王國的帝座，就是因為公司的核心領導者具有良好的心理素質，在任何時候都表現出了難得的將帥風範。

香港恒生銀行於一九六五年曾經遭遇過毀滅性的打擊。當年二月，在銀行門口，天天排著長隊，市民紛紛前來兌取他們的存款。與此同時，有關恒生銀行的各種不利傳言到處傳播，更使人心惶惶，擠兌風波日益擴大化。

總經理何善衡處變不驚，派出銀行的大批職員去向存戶解釋、勸說，以穩定存戶的情緒。他還別出心裁地在銀行大堂堆起一堆一堆的現鈔，以向世人表明銀行有充足的資金來應付眼前的危機。同時他四處奔走，多方求援，以籌措更多的資金，力保銀行的局勢。

但即使這樣，擠兌的風波仍是一浪高過一浪，銀行時刻面臨著破產的危險。何善衡不得不做出了痛苦的決定，把銀行的大多數股權轉讓給匯豐銀行。

在匯豐銀行的強力支持下，擠兌風波終告平息。何善衡把銀行從生死邊緣挽救了回來，為日後的飛速發展奠定了良好的基礎。

只有保持良好的心態，才能不計得失，忍辱負重，在市場中進退自如，才能坦然面對市場的風風雨雨，處變不驚地坐穩「狼王」的寶座，把公司從一個又一個險境中帶出來，迎來一次又一次光輝的日出。

以堅實的能力傲視群雄

狼王是非常強悍、非常凶猛、又非常機智的，牠是在與其他大狼、巨狼、頭狼的生死比拚中才脫穎而出的強者。

實力是最重要的。對個人來說，實力意味著在公司內部牢不可破的地位、發號施令的權力和至高無上的威望；對企業來說，實力意味著在市場競爭中遠近傳播的聲譽、無堅不摧的優勢和發展壯大的堅強基石。

在激烈競爭的商場中搏殺，突破重重包圍，打下一片自己的領地，是很不容易的，是需要擁有強大的實力的。

沒有實力，就會被人嗤之以鼻，就會被別人輕易地擊倒，就會把好不容易得到的市場拱手讓給他人。

就是在本公司內部，如果缺乏足夠的實力，僅僅因為血緣關係而登上了領導人的寶座，也是很難在這個位子上長久地坐下去的。經營不善，指揮不當，應對失策，都會被下屬們瞧不起，都會被別有用心的人所利用，趁機奪去你的權勢。

實力是最重要的。對個人來說，實力意味著在公司內部牢不可破的地位、發號施令的權力和至高無上的威望；對企業來說，實力意味著在市場競爭中遠近傳播的聲譽、無堅不摧的優勢和發展壯大的堅強基石。

市場中的對手都是狼，沒有一個是好惹的，不使自己具有狼王一樣的實力，自己就很可能會被群狼吃掉。

狼王是非常強悍、非常凶猛、又非常機智的，牠是在與其他大狼、巨狼、頭狼的生死比拚中才脫穎而出的強者，牠具有非凡的實力，在狼群中擁有至高無上的地位，得到狼群的廣泛擁戴，能夠號令群狼，唯我獨尊。

就是狼王的嗥叫，也顯得與眾不同，具有一股令人凜然生寒的威嚴，以一副居高臨下的氣勢，發出各式各樣的指令，使狼群中的每一個成員都自覺地遵從。

狼王的這副強者姿態很值得我們效仿，但必須提醒大家注意的是，如果僅僅局限於效仿的話，效果會是很差的，即使裝腔作勢地學得了一副凶霸霸的嘴臉，也是外強中乾，「金玉其外敗絮其中」，被人一戳即破、一打即倒。

狼王的強悍、凶猛、智慧，並不僅僅是外在的，更主要的卻是內在的一種品質、一種個性、一種能力。

要想在企業裡當好領導者，就必須使自己也具有這些品質、個性和能力，也就是說，要修練「內功」增強「內力」。

反覆學習，提高自己的修養；多接觸德高望重的成功者，吸取他們的經驗和教訓；在市場中不斷磨練，不斷總結，深刻反省，使自己變得日益成熟。所有這些，都是必不可少的，都能為自己的實力增添不小的砝碼。

美國學者凱茲於一九五五年提出了成功商人所必備的三種能力，得到了人們的普遍認同。在他看來，這三種能力應該是：技術能力、概念性能力和交際能力。

所謂的技術能力：是指人們在進行商業活動中所運用的一系列方法、程序、過程的知識和能力。只有具備了這些能力，商人才能有效地對部屬進行訓練，指導部屬完成工作，高效率地解決經營活動中所面對的難題。這是一種實實在在的能力，可以透過正規的專業學習和業餘的自我進修來獲得。

所謂的概念性能力：是指分析問題、思考問題、將複雜的關係概念化、準確判斷事物發展的趨勢、有創意地解決問題的能力。只有具備了這種能力，商人才能有效地做出計畫、制訂政策，組織協調公司內外的各種關係，根據市場的變化及時調整公司的經營策略，為公司確定切實可行的發展目標。

所謂的交際能力：是指與同事、下屬、外界人士進行溝通和交流的能力，包括對別人言行後面所隱藏的動機的高度敏感、能言善辯地說服別人、左右逢源地建立廣泛合作的關係等等。只有具備了這種能力，商人才能知人善任，把形形色色的員工組織起來，如魚得水地與各色人等打交道，以自己的人格魅力贏得別人的敬重和愛戴。

這些能力形成了成功商人的強大實力，就如同狼王一樣，充滿智慧，勇於進取，當斷則斷，高瞻遠矚。

公司的前程被自己的實力左右著，事業的輝煌被自己的實力決定著，因此狠下功夫，苦練內力，是每一個有志於市場競爭的強者都不可忽視的。

對一個公司來說，實力一般是指現有的經濟實力和產品的市場競爭力，但又絕對不能忽視員工的素質、公司的信譽和技術創新的能力等等方面，它們構成了公司發展壯大的巨大潛力，也應成為公司實力的重要組成部分。

實力的強弱都是相對的，常常是比上不足比下有餘，如果把公司的潛力充分挖掘了出來，那麼公司就會不斷壯大，市場競爭力就會不斷增強，實力也就會隨之不斷雄厚。

現在的賓士汽車公司在歷史上曾經有兩大源頭，分別是賓士汽車廠和戴姆勒汽車廠，它們分別由汽車的兩大發明人本茨和戴姆勒所創建，都位於德國境內。

一戰結束，經濟危機接連爆發，在汽車市場上，美國福特公司異軍突起，直接打進了德國市場，德國這兩家最早的汽車公司面臨著嚴峻的生存考驗。

為了避免在競爭中鬥得兩敗俱傷，同時也為了壯大自己的實力，共同應對福特車的攻勢，賓士汽車廠和戴姆勒汽車廠於一九二六年六月正式合併，成立了戴姆勒—賓士汽車公司，總部設在德國的斯圖加特，主要生產轎車、載重汽車、專用汽車、客車等。

這時戴姆勒已經去世，本茨也已是八十二歲高齡的老人了。

戴姆勒—賓士汽車公司的徽標是三叉星，象徵人類在天空、海洋和陸地都能自由奔馳的美好理想，是原戴姆勒公司的標誌。

賓士車的全稱叫「梅賽德斯．賓士（Mercedes Benz）」，簡稱「賓士」，它始終保持自己的風格，遵循兩條設計原則：一是在同一時期生產的所有車型系列都按照規定的輪廓和相似的細節來設計基本部件，以便於用戶區分和鑒別，他們稱此為「橫向共同件」；二是力求與過去的車輛設計具有一定的連貫性，在原有車型的基礎上安裝設計好的基本部件，形成新車，他們稱此為「縱向親緣性」。

公司決心「走在時代尖端和盡善盡美」，生產出了一系列品質上乘、久享盛譽的賓士汽車，成為世界車壇當之無愧的明星。在許多人眼裡，賓士車就等同於高級車、豪華車的代名詞，因為它的乘坐舒適性是世界公認第一流的，當然價格也是世界公認第一流的。

大半個世紀之後，一九九八年春天，賓士公司再度推出重大舉措，與美國克萊斯勒汽車公司正式合併，組建了戴姆勒—克萊斯勒公司，極大地提高了雙方的產品競爭力，使公司的實力得到了空前的提升。

賓士公司是德國兩大汽車公司之一，憑藉優勢品牌，在國際汽車市場上呼風喚雨，在許多國家裡，賓士高級轎車被當作禮賓車，知名度非常高；克萊斯勒公司是美國第三大汽車公司，技術力量相當雄厚，在美國三大車系中，它被列入中高級車之列。

兩公司合併，造成強者更強的有利局面。賓士汽車可以名正言順地進入美國市場，克萊斯

勒汽車可以藉助賓士的龐大銷售網路，在日後統一的大歐洲市場縱橫馳騁。兩家公司還可以將雙方的技術優勢結合起來，有效地降低成本，追求更高的品質，更合理地配置資金和勞動力資源，在市場競爭中立於不敗之地。

這樣的超級汽車公司，擁有雄厚的資金、超強的技術力量、龐大的銷售網路，將對世界汽車生產格局產生重大的影響。

二〇〇二年公司的盈利能力顯著提高，營業利潤達到了五十八億歐元，是前一年營業利潤的四倍。在年度新聞發佈會上，首席執行官尤爾根·施倫普說：「鑒於全球經濟形勢，我們對二〇〇二年的業績基本上感到滿意。這是實現持續性盈利能力的重要一步。」

在市場競爭中透過各種行之有效的方式，使自己逐漸由弱變強，實力不斷壯大，競爭力不斷增強，就能一躍而成本行業高高在上、當之無愧的「狼王」，傲視群雄，雄霸天下。

第二章 狼士：組織嚴密，進退一致

第二章 狼士：組織嚴密，進退一致

狼群中的每一個成員都是名符其實的戰士，牠們緊密團結在狼王周圍，既單兵作戰，獨立完成各自所擔負的任務，又能團結戰鬥，進行軍團式的大規模捕獵行動。

現代化的大企業如同狼群一樣，也是由一個個具體的員工組成的。要想在市場中具有更強的戰鬥力和競爭力，就必須制訂出一套科學有效的管理機制和激勵機制，把員工們訓練成組織嚴密、進退一致、既分工負責、又團結合作的「狼士」。

透過各種途徑，廣攬人才，汰弱留強，是保持企業活力的強有力手段，是決定事業前途的最根本保證，市場人士對此必須要有深刻的認識。

科學的內部管理機制

不管在什麼情況下，狼群都能保持原有的隊形，井然有序地採取行動。如無頭蒼蠅般亂成一團的混亂局面，在狼群中是斷難出現的。

在現代化的大企業內部，一定要形成一套科學有效的管理機制，使公司能夠時刻保持正常、高效的運轉，就能對市場的任何變化永遠保持高度的敏銳，採取一致的行動，快速、準確地做出反應。

松下電器公司是世界上赫赫有名的大企業，有人向松下幸之助請教他是如何管理公司的，如何在不景氣的市場環境中，避免企業倒閉的厄運。他回答說，在不同的成長階段，必須要有不同的經營策略，決定公司適當的規模，企業才能更長久地生存。

對領導者的角色調整，他用了一段十分形象的話來描述：「當公司員工有一百名、一千名、一萬名時，我所選取的態度是不同的。有一百名時，我站在最前面引導大家；有一千名時，我站在中間；當員工達到一萬名時，我則站在最後面。」

他的意思是說，在公司的初創階段，員工人數比較少，領導者就必須承擔大量的庶務性工作，以身作則，帶領大家一起埋頭苦幹，並用「命令」的方式直接指揮大家去完成工作；當員工增加到一千多人，領導者就不大可能事必躬親了，必須建立起逐層負責、逐級授權的管理體制，領導者就要站在中間扮演分工、協調的角色，對員工的態度要由原來的「命令」改變為「請求」；如果公司的規模進一步增大，員工人數達到了上萬人，領導者就要站在最後，向所有的員工都「合什」禮拜，表達自己的敬意，以「感謝」的方式鼓舞士氣，把眾多的員工凝為一體，共同去完成一系列複雜而艱鉅的工作。

科學的內部管理機制對一個企業來說，是維持正常經營的前提條件。很難想像，各行其是、一盤散沙的企業怎麼樣能在市場中立足，怎麼樣能取得應有的收益？

在茫茫的大草原上，凶悍的狼群早已為我們做出了表率。狼群在遭遇突發的危險局面時，狼王會下令立刻撤退。但不管情況如何危急，狼群在撤退的過程中，卻始終保持原有的隊形，猛狼在前面衝鋒，巨狼在後面斷後，整個狼群井然有序地快速撤走。

如無頭蒼蠅般亂成一團的混亂局面，在狼群中是斷難出現的。

在一個現代化的大企業內部，一定要形成一套科學有效的管理機制，使公司能夠時刻保持正常、高效的運轉，才能對市場的任何變化都保持高度的敏銳，快速、準確地做出反應，使自己永遠掌握主動權。

上令下達、下情上達，確保公司上層和基層的密切聯繫，對公司內部的潛在問題時刻給予關注，才能防患於未然，確保整個公司機體的健康。

如果發現有些部門的主管自以為是，各行其是，甚至居功自傲，功高震主，公然與老闆分庭抗禮，造成了公司的分裂，嚴重干擾了公司的正常秩序，那麼就必須採取斷然措施，將這些「害群之馬」盡力清除乾淨。

日本伊藤洋貨行把飲食業的奇才岸信一雄招聘進來，委以重任，推動了公司業務的飛速發展，尤其是飲食部門，在他的直接領導下，更是取得了非凡的業績，在短短十年時間裡，業績就激增數十倍，令業內人士震動不已。

但隨著公司業務的不斷發展，岸信一雄卻與公司董事長伊藤雅俊的分歧越來越嚴重。伊藤雅俊是一個傳統型的商人，他強調誠信為本、顧客至上，要求公司以嚴密的組織形式來保證經營的順利進行；但岸信一雄卻恰恰相反，他個性粗獷，行事豪爽，對部下比較放縱，更注重於開拓市場，大膽擴張。

兩人的分歧越來越嚴重，以至於竟到了水火不容的地步。岸信一雄有超人一等的業績做後盾，顯得越來越強硬，對伊藤的批評和指責不屑一顧，我行我素，儼然成了公司裡的一個獨立王國。

伊藤再也無法容忍了，就狠下心來，將岸信一雄斷然解雇了。對於人們的非議，伊藤辯解說：「紀律和秩序是我的企業的生命，不守紀律的人一定要處以重罰，即使會因此減低戰鬥力也在所不惜。」

這番話是很有見地的，任何企業都必須以紀律和秩序作為基礎，才能確保正常的經營，才能凝聚成強大的力量，戰勝一切艱難險阻，才能團結奮進，以不可阻擋之勢，不斷開發新產品，開拓新市場，讓企業走向更加輝煌的明天。

如果企業內部出現幾個岸信一雄式的人物，那麼對企業的負面影響必將是十分久遠的。將這樣的人物清除出去，是正確的、及時的，也是可以理解的。但是由於這樣的人物確曾對企業做出過卓越的貢獻，因此在進行這種處罰的時候，一定要慎之又慎。

伊藤解雇岸信一雄，就曾招致過相當強烈的批評，被人指責為濫殺功臣、容不下人才，似乎他成了小肚雞腸、心狠手辣的暴君。可見，要想避免這樣的事情發生，就應該事先制訂一系列科學的規章制度，確保公司的正常秩序，使全體員工和部門主管既各負其責，又互相合作，具有較強的凝聚力。

對於那些確有才能、能夠獨當一面的部門主管，在對他們給予足夠信任、讓他們把才能儘量發揮出來的同時，還要對他們的許可權和責任給予一定的約束，並用規章制度的形式體現出來。

如果已經發展到了伊藤洋貨行的那種局面，作為老闆，就必須早下決心，及早除去對企業構成嚴重威脅的心腹大患，以免矛盾進一步發展下去，給企業帶來更嚴重的災難。

在企業管理中，執行紀律是非常必要的，能夠有效地警戒偶犯錯誤的人，震懾別有用心的人，把企業練成堅不可摧的銅牆鐵壁，確保商業運營的正常秩序。

美菱集團董事長張巨聲一再強調：「管理無小事。」他明確指出：「大清律例上有：官員怠忽職守者，斬立決；官員賭博、尋花問柳者，斬立決。古代封建社會的人尚有如此高的危機覺悟，現在一些企業的所作所為實在令人無法苟同。」

對這樣的害群之馬，張巨聲認為是必須要執行嚴格的紀律的，只有將他們清除了，才能保證整個隊伍的純潔和健康。為此，他給自己的家人立下十分嚴厲的規矩：親、朋、妻、子都不能到廠裡上班；家裡任何人都無權拿廠裡一張紙頭。己先正，才能正人，他要以身作則，給全廠樹立表率。

張巨聲在廠裡全面推行「目標成本管理」，透過科學核算，給所有規格的產品制訂出切實可行的目標成本：工廠車間作為成本中心，設計、採購、製作、品質、管理、銷售、材料等項費用由工廠車間承擔，其他費用則分配到相關部門。

在實施的過程中，全廠上下都明確了自己的責任：超過標準，受罰；節約下來的，有獎。他把「目標成本管理」抓得卓有成效，警戒了鋪張浪費者，震懾了揮霍公物者，確保了企業效益的不斷提高。全廠上下增強了凝聚力，生產秩序嚴明有序。

科學的內部管理機制是現代企業管理的重要內容，只有根據自己企業的具體情況，逐步建立、並進一步完善它，才能使自己的企業如狼群一樣組織嚴密，進退一致，具有強大的戰鬥力，在市場競爭中無往而不勝。

責任明確，各負其責

狼群在對獵物的捕殺過程中，分工是相當明確的：有些負責偵察，有些負責聯絡，有些負責警戒，有些擔任總攻，有些擔任斷後……

不同的崗位意味著不同的責任，每個員工都必須有很強的責任感，切實負起責任來，把自己份內工作做好。在這個過程中，領導者的帶頭作用也顯得十分關鍵。只有這樣，整個企業才會有光明的前途。

每個企業的事務都是十分繁雜的，根本不可能由某一個人一肩挑起，都必須分配給許許多多的員工，每人分別完成一定的工作，承擔一定的責任，這是人所共知的事實。

美國學者韋伯斯特說：「人們凝聚在一起時可以做出一個人所不能做出的事業。智慧、雙手、力量結合在一起，幾乎是萬能的。」

遠古時期的刀耕火種社會，尚且需要分工，才能完成狩獵和播種的重任，更何況到了今天太空發展的現代社會裡。當今社會就如同一架高速運轉的巨型機器，而每一個人只不過是這架機器上的一顆小小螺絲釘，不論在何時何地，我們都會感受到個人力量的渺小，只有團結起來，組織起來，我們才會擁有強大的力量。

在一個企業內部，也同樣如此。小企業也會有幾個、幾十個員工，大型企業則往往達到數萬人、甚至更多。這麼多的員工佔據著不同的崗位，完成著各自的工作，企業才能正常地運轉，經營活動才能順利地進行。

不同的崗位意味著不同的責任，每個員工都必須有很強的責任感，切實負起責任來，把自己份內工作做好。一好變百好，好上加好，整個企業就會有光明的前途。

遠在人類出現社會分工之前，狼群在捕獵的過程中，就自覺地實施了明確的分工，成為我們效仿的榜樣。

狼群在對獵物的捕殺過程中，分工的明確程度超出了我們的想像。有些大狼負責偵察，掌握獵物出沒的規律；有些大狼負責聯絡，把幾個家族的狼群都調遣到攻擊的最佳位置；有些大狼負責警戒，以便發現不利情況，早做對策；有些大狼擔任總攻，專門攻擊獵物的中堅力量；有些大狼擔任斷後，保護狼群迅速撤離戰場……

狼王、頭狼、大狼無疑是狼群中的核心所在，牠們指揮若定，擔負著各部門的領導責任，率領自己的狼群參與作戰，完成了一次次漂亮的攻殺。

如果缺乏分工，狼群就不可能實施大規模的捕獵活動，不可能一次捕獲到幾十、幾百的黃羊、馬匹，也不可能在惡劣的生存環境中艱難地繁衍下去。與此相類似，如果人類不實施社會分工，那麼每個人都必將為衣食所困，無數的發明家、文學家、哲學家都將無法出現，人類的文明和進步就根本無從談起。

在企業內部，實施明確的分工，就能使每一個員工都明白無誤地瞭解到自己所負的責任。在幾乎所有的商業活動中，都離不了這三種工作，那就是採購、銷售和財務，只有採購員把價廉物美的原材料採購來，銷售員把公司的產品最大限度地推銷出去，財務員把公司的帳目管理得清清楚楚，公司才會有健康發展的強大動力。

「沃爾—馬特」是美國最大的百貨連鎖店，它的老闆羅伯森．沃爾頓在二〇〇一年的全球大富豪排行榜上，首次超過了比爾．蓋茨，以四五三億英鎊的家產成為世界首富。

沃爾頓對員工的管理十分嚴格，他制訂了完善的規章制度，要求他的所有員工，都必須盡職盡責地完成自己的份內工作。

他的所有連鎖店都實行著一條被稱為「太陽下山」的工作原則，其具體要求是當天的事情必須要在太陽下山之前完成，只要顧客提出了某項要求，每一個員工都必須在太陽下山之前給予令顧客滿意的答覆。

這條原則被我們表述為分工負責、按時完成本職工作，但在一些企業裡（尤其是服務業），卻貫徹得一直很不理想。「沃爾—馬特」的生意之所以興旺發達，就是因為它的每一個員工都身體力行地做到了這一點。

夜半時分，商店已經關了門，但只要有顧客打來電話要求購買某件商品，員工必定立刻駕車出發，把商品送到顧客的手中。

沃爾頓還獨樹一幟地提出了「十英尺態度」的要求，他要求他的每一個員工，當顧客走到距自己十英尺的範圍時，必須注視著顧客的眼睛，主動詢問顧客需要哪方面的服務。

「十英尺態度」的貫徹執行，使每一個顧客都在「沃爾—馬特」店裡感受到了春風般的溫暖，享受到了體貼如微的周到服務。

常去「沃爾—馬特」連鎖店的顧客還發現一個有趣的現象，就是店裡的員工經常會狂熱地大聲喊叫：「誰是第一？顧客！」

這同樣是沃爾頓對員工提出的一項具體要求。要求員工們齊聲大喊，不僅是為了讓「顧客至上、分工負責」的觀念更深入人心，同時也是為了使員工在緊張工作的過程中，能有一個放鬆自己的時刻，使自己的精神振奮起來。

就這樣，每個員工都在自己的崗位上，切實負起自己的責任來，「沃爾—馬特」連鎖店的生意永遠都是一派興旺，沃爾頓的財富也隨之逐日增多。

恒基偉業公司是大陸一家頗有規模的高科技公司，其旗艦產品「商務通」投入市場後，獲得了非凡的銷售業績，公司的知名度空前提高，規模迅速擴大，在市場競爭中神奇般地迅速崛起。

公司的發展之所以如此迅速，是與公司彙集了一大批專業人才息息相關的。在工作中，這些人才各自承擔著不同的職責，互相配合，互相支持，凝聚成一體。「眾志成城」，集中了大家的智慧和力量，公司就獲得了堅強的助推力，高速度地啟航了。

董事長張征宇，具有極其先進的技術思路，高瞻遠矚，獨闢蹊徑，帶領公司很快闖出了一條新路。常務副總裁孫陶然對策劃業務十分精通，「商務通」之所以會在很短的時間裡就取得非凡的銷售業績，是與他的精心部署、巧妙構思分不開的。范坤芳和趙明明是專管銷售的兩個副總經理，一樣的出類拔萃，曾經有過主持同類產品開拓市場的優良紀錄，他們又一次大顯身手，就給「商務通」插上了飛翔的翅膀，縱橫市場，無敵天下。

有如此一大批高科技人才的分工負責，恒基偉業怎能不一舉成功呢？常務副總裁孫陶然說得好：「如果從節省成本的角度來考慮，企業並不一定需要這麼一個豪華陣容，但我們的看法不是這樣，我們就是要用牛刀殺雞。」

在「商務通」定型之前，他們對螢幕的大小、手寫筆的長度、字體的精度、頁碼的使用、自動查尋功能、候選區保留等等諸多項目都進行了大量的統計分析和實際操作。

為使更多的人都能方便地使用，他們還別出心裁地請來一些從沒使用過電腦、甚至連字都寫不好的人來試用，然後再根據結果進行多次精心地修改，使產品儘量達到完美的程度。正是由於這個原因，「商務通」才能迅速地佔領市場，受到了各個階層人們的普遍歡迎。

「商務通」研製成功後，他們並不急於把它推入市場，而是在耐心地等待機會。在他們之前，第一個推出VCD的廠家卻反而陷入困境，受制於人，給了他們深刻的啟示。過了幾個月，手機市場的鉅額增長為「商務通」提供了難得的機遇，他們才果斷地把產品推了出去。果然一炮打響，短短兩個月，就紅透了整個市場，銷售業績十分喜人。

與此同時，他們還對代理商的選擇制訂了相當嚴格的標準。代理商必須向他們提供令人滿意的行銷方案，才有資格去銷售他們的產品。

所有這一系列工作，都是在公司全體員工各負其責的情況下，高品質地完成的。公司中沒有一個閒人，所有的職員都是能獨當一面、獨立完成某一方面工作的高手，他們如此完美地組合在一起，八仙過海各顯神通，把產品開發、公司運營、市場銷售的各個環節都考慮得滴水不露，安排得有條不紊，才做到了一戰成功，以最好的技術和產品，選擇最佳的時機，用最短的時間，神速地佔領了市場。他們的成功留給我們多少有益的啟示啊。

做到責任明確、各負其責，是十分重要的，在這方面，企業的領導者必須起到良好的帶頭作用。只有領導做到了責任明確，才能使下屬切實負起自己的責任，把份內的工作做好。

瑪麗．凱是美國瑪麗．凱化妝品公司的創辦人和董事長，她有一個很好的習慣，總要在下班前整理好自己的辦公桌，並把當天應該完成、而事實上卻沒有做完的工作帶回家去完成。她的秘書們也都養成了這一習慣，儘管她並沒有要求他們這樣去做。

從領導層到員工，每個人都明確了自己的責任，切實負起了自己的責任，經營業績就會不斷提高，企業就會得到飛速地發展。

互相配合，協同作戰

如果僅憑單兵作戰，狼群只怕早就滅亡了。一次又一次的大規模軍團行動，使狼群的力量得到了成倍的放大，捕獲了足夠的食物，確保了狼群的生存和繁衍。

成功的商家不僅要招聘大批的部屬來為自己效力，還要想方設法與合作夥伴、與其他企業聯合起來，進行廣泛的合作，才能使自己在市場競爭中擁有更廣闊的活動空間。

現代社會是個廣泛合作的社會，隨著社會分工的越來越細，合作的廣度和深度也相應地不斷提高。各門學科、各行各業都會湧現一大批人才，這些人才只有團結在一起，才能共同做出一番大事業。

我們都有這樣的體會，當自己思考問題的時候，常常會鑽進牛角尖，苦苦找不到完滿的答案，但如果與幾個朋友一起商量，就會很快集思廣益，找到各種不同的途徑，來把問題更完滿地解決好。

在市場中搏殺的企業家們對此也是深有體會的。任何一個企業都不是單憑一己之力就可以運作成功的，商家不僅要招聘大批的人才來為自己效力，還要多方設法尋找與合作夥伴或與其他企業聯合起來，進行廣泛的合作，才能使自己在市場競爭中擁有更廣闊的活動空間。

這與狼的捕獵方式是完全一致的，如果僅憑單兵作戰，狼群只怕早就在茫茫的大草原上消失了。一次又一次的大規模軍團作戰，才使狼群的力量得到了成倍的放大，捕獲了足以供整個狼群飽餐多日的食物，確保了狼群的生存和繁衍。

牧民們給羊蓋起了高高的石圈，夜裡把羊群趕進圈裡，自以為可以高枕無憂了。誰知聰明的狼還是想出了吃羊的辦法。

一匹大狼先在牆外撐著牆，斜站起來，狼群再以牠的身子為跳板，全都跳到了圈內，飽飽地吃了一頓。等裡面的狼吃飽了，就會有狼先跳出來，把外面的那隻大狼換進去，讓牠也能吃個夠。

等狼群都飽餐完後，再用同樣的辦法一一從石圈裡跳出來。最後剩下的那隻大狼再去把死羊一隻隻叼到一塊，摞得高高的，然後再從羊屍上面跳出來。

我們常說：「一個籬笆三個樁，一個好漢三人幫。」智慧遠不如人類的狼群卻早已深刻地懂得了這個道理，並為我們做出了很好的示範。

我們常常看到，小商小販們為了把自己的商品銷售出去，不惜請來幾個「買家」，假裝來搶購商品，吸引過路的行人前來購買。這就是狼群智慧的一種運用，只不過運用得水準不高罷了。

在美國紐約的一條街道上，並排出現了兩家廉價商店，一家叫做「紐約廉價商店」，另一家叫做「美國廉價商店」。正應了「同行是冤家」這句老話，這兩家商店出售的商品極其相似，售價也同等的便宜，於是就免不了進行生意上的競爭。

他們常常把完全一樣的商品擺在商店門口，相互壓價，來吸引顧客。顧客們都很高興，他們可以透過比較，來選取更便宜的商品。

兩家商店的老闆關係不好，簡直到了水火不容的地步，他們經常站在商店門口，互相大聲責罵，有時甚至會發展到拳打腳踢。很少有顧客前去勸解，他們幸災樂禍地認為，只要這兩家的競爭持續下去，他們就會買到更多價廉物美的商品。

突然有一天，這兩家商店同時關門歇業了，兩個老闆神奇地同時失蹤了。新房主走進店裡，吃驚地發現，這兩家商店竟用一條秘道連在一起，兩個店老闆的辦公室竟也有一扇門相通。原來這兩個店老闆竟是一對親兄弟。他們相互配合，協同作戰，故意上演了一幕幕「鷸蚌相爭」的好戲，吸引了顧客們的關注，使自己悄悄發了大財。

在每一次降價競爭中，最後的勝利者趁機把自己兄弟沒有賣出的商品全都「清倉」處理掉了。顧客們還滿心歡喜，以為自己佔了大便宜，事實上卻偏偏中了這對兄弟的詭計。

這對兄弟在經營中配合得是多麼巧妙啊，不正是一對誘人上當的「金光黨」嗎？無知的顧客們一個個上了大當，還渾然不覺呢。

在德國有一家服裝店，店主是德魯比克兄弟，哥哥每天都站在店門口招攬顧客，弟弟則在店內向顧客熱情地介紹商品。

有個顧客看中了一件衣服，問弟弟價錢是多少，弟弟就向遠處的哥哥詢問，哥哥回答說是七十二元。弟弟的耳朵有點不大好，竟對顧客說成四十二元。

不巧的是，哥哥的耳朵也有點聾，沒有及時給予糾正。顧客聽了，心裡十分高興，終於揀了個便宜，當下就付了四十二元錢，拿起衣服趕快離去。

這對「聾」兄弟就這樣賣出了一件又一件衣服。顧客們歡天喜地，以為自己得到了實惠，光顧了一次又一次，小店的生意一直很好。顧客們沒有想到的是，這對兄弟一點都不聾，他們是在有意裝傻，相互配合，以優惠的價格和高品質的商品，讓顧客得到心理上的滿足，刺激他們的購買欲望。

在市場經營中，誰是自己的朋友，誰是自己的敵人，這可是個十分關鍵的問題。能和自己站在同一戰壕，並肩作戰，共同經歷困境的磨練，共同分享勝利的喜悅，這才是自己同甘共苦的合作夥伴。

但是這樣的合作夥伴是很難遇到的。美國有一句流傳甚廣的名言：「在市場中沒有永遠的朋友，也沒有永遠的敵人，只有永遠的利益。」

為了「永遠的利益」，昔日的競爭對手有可能走到一起，結成合作關係；為了「永遠的利益」，原先的合作夥伴也可能分道揚鑣，變成你死我活的競爭對手。朋友和敵人都不是永恆的，因此你在與別人進行商業合作的時候，一定要千萬慎重，對合作夥伴的人品、信譽、實力都要進行全面瞭解，並簽訂可靠的協議，明確約定雙方的合作關係及所擁有的權力與責任，才能進行正式的合作。

在選擇合作夥伴時，一定要根據自己企業的現狀和發展規劃來做決定，千萬不要因為別人的非議和反對，就輕易放棄，致使大好時機白白葬送。

上個世紀八十年代，美國通用汽車公司在日本汽車的咄咄攻勢面前，連連敗北，以每年數億元的鉅額虧損，描述著慘不忍睹的困境。

一九八一年一月，羅傑．史密斯出任公司的第十任總裁，擺在他面前的形勢是十分嚴峻的，以豐田汽車為首，五十鈴、三菱、馬自達、本田等日本著名汽車品牌以不可阻擋之勢，正席捲美國汽車市場。

羅傑．史密斯對汽車市場做了全面調查，發現日本汽車之所以連連獲勝，就在於他們的成本低廉。美國汽車廠家的勞動成本要遠遠高於日本，平均每小時要高於對方八美元之多。日本汽車價廉物美，當然要在汽車市場上無敵於天下了。

要想與日本汽車競爭，就必須降低勞動力的成本，但在美國卻是很不現實的，會遭到美國汽車工人聯合會的強力反對，並招致極其嚴重的後果。

羅傑．史密斯思前想後，突然腦中靈光一閃，發現了一個以往從沒有想過的問題：既然不能把日本汽車當作敵人來抗拒，那麼為什麼不能把他們當作商業夥伴來合作呢？

一想到這裡，他就如夢初醒，發現自己已經找到一條帶領公司走出困境的道路了。

一九八二年底，通用汽車公司與日本豐田汽車公司成功地實現了聯營，建立了新聯合汽車製造廠，一九八五年二月，聯營廠生產出了雪佛萊．諾瓦斯汽車，成功地投入市場。

羅傑．史密斯的決策雖說是十分正確的，但在當時的美國汽車廠家看來，卻是大逆不道的，他們把他當作美國汽車行業的叛徒，進行公開的指責。羅傑．史密斯始終不為所動，繼續與日本汽車廠家進行密切合作，終於使公司扭虧為盈，逐步走出了困境，在他上任的頭三年，就為公司淨賺五十億美元。

隨著時間推移，通用汽車公司逐漸強大起來，他又制訂了一個十分龐大的計畫，打算撥款七十億美元，研製一種全新的汽車，為最終擊敗日本汽車做好準備。

可見，到了一定階段，再親密的合作夥伴，都會變成競爭對手，在市場上兵戎相見的。對這一點，我們在與對方合作的同時，一定要心裡有數，早做防備，才能避免遭遇不測的下場。

人才是企業之本──千軍易得，一將難求

巨狼是狼群中的特種兵，經常獨立行動，被狼王委以重任，在草原上尋找更大的捕獵機會。在每一次攻擊中，巨狼都會被當作一把尖刀，在主攻方向衝鋒陷陣。

廣攬人才，知人善任，使自己的企業擁有更多像巨狼一樣的人才，成為智慧和才能的高聚集區，產品的開發力度就會不斷增強，市場競爭力和經濟效益就會不斷提高，企業的發展就會一日千里。

人才在市場競爭中是至關重要的，誰擁有了更多的人才，誰就具有更大的優勢，能率先開發出新產品，掌握新技術，以全新的理念使公司始終保持良性運轉，在任何時候都領先一步，

成為本行業的佼佼者。

「千軍易得，一將難求。」深播信義於廣大員工，集智慧於各類人才，這是一個企業安身立命的根本保證，是開疆拓土、發展壯大的最強有力的武器。

劉鴻生是我國近代史上的著名民族企業家，在戰火紛飛的亂世，他嘔心瀝血，創辦了龐大的家族企業，雖歷經波折，但還是取得了顯赫的成功。

他是十分重視招攬人才的。當時在他的企業中，經理、廠長、工程師等，一級的人才薪資都在三百元以上，有的甚至高達上千元，這在當時的工商企業中是十分罕見的。為了激發人才的工作積極性，他還常常給予他們額外的重酬，希望他們能夠更死心塌地地為自己的企業效力。

他一再強調：「要把適當的人，放在適當的位置上。」不管是什麼人，只要有一技之長，他都樂於招攬。好人有好人的用處，壞人有壞人的用處，全才有全才的用處，偏才有偏才的用處，不求全責備，就能讓人才的能力充分發揮出來。

他在用人方面是很超前的，表現了一個優秀企業家的遠見卓識。無獨有偶，在生物界，狼群同樣早早認識到了這一道理。

巨狼個頭很大，速度很快，經常獨立行動，與獵物單打獨鬥。表面看來巨狼不太合群，抓獲獵物自己享受，但實際上巨狼從來沒有與狼群失去聯繫，自始至終都是狼王的左膀右臂。

巨狼是狼群中的特種兵，一直在草原上尋找更大的捕獵機會，一旦有所發現，就會立刻通知狼王，並返回狼群，與狼群並肩戰鬥。

巨狼在每一次攻擊中，都被狼王委以重任，在主攻方向衝鋒陷陣，成為摧毀對手核心力量的一把利刃。

廣攬人才，知人善任，對人才使用得當，就能使企業在市場競爭中以狼一樣的強悍，保持領先的優勢；反之，如果忽視了對人才的使用，企業就必將遭受嚴重的失敗。

美國福特汽車公司成立於一九〇三年，總裁亨利·福特任命卓越的汽車天才詹姆斯·庫茨恩擔任總經理，開發出了T型汽車，在汽車市場縱橫馳騁，所向無敵，到一九一九年就把眾多的競爭對手吞併下來，以雄厚的實力獨自壟斷了汽車市場。

福特成為了億萬富翁，變得不可一世，喜歡獨斷專行，致使大批身懷絕技的人才無法立足，紛紛棄他而去，就連頭號功臣庫茨恩也不能倖免，只好抱恨而去。結果，眾叛親離，江河日下，在競爭對手的強大攻勢面前，福特公司連連敗北，到了一九四〇年，市場佔有率僅僅剩下了十八・九%，顯得十分淒慘。

一九四三年，年輕的福特二世從爺爺手裡接過了公司的大權，成為公司的新總裁。面對著異常危難的局勢，他採取了斷然的措施，從通用汽車公司請來奇才奧爾斯特・布里奇，進行大刀闊斧的改革。一九四六年，改革舉措剛剛實施一年，就收到了明顯的成效，公司成功地實現了扭虧為盈。

「野馬」牌汽車的研製成功，更為公司的發展插上了翅膀。銷售奇才艾柯卡又連出妙招，使「野馬」汽車在全世界掀起了一股搶購的狂潮，第一年就銷出了四十一萬九千輛，在隨後的幾年裡，更保持著旺盛的銷售勢頭。福特汽車公司以令人吃驚的速度，神奇般地東山再起。

然而好景不長，福特二世又開始重犯爺爺當年的錯誤，他在一九六〇年將頭號功臣布里奇解雇，當初為他立下過汗馬功勞的許多人才絕望地離他而去。到了一九七八年，他又對功績卓著的艾柯卡心存疑忌，將他一腳踢開。於是公司又重新走上了老福特當年的道路，江河日下，一落千丈，到了一九八一年，市場佔有率竟創出了歷史最低紀錄，僅剩下十六・六%。

福特二世回天無術，只好於一九八〇年三月將公司轉讓給管理專家菲力浦・卡德威爾，從此，延續了七十七年之久的「福特王朝」徹底結束。一九八二年，福特二世正式宣告退休，他再也不是老闆，不是雇員，不過還擁有公司四十%的股權，見證著他昔日的輝煌。

天才般的卡德威爾大顯身手，重新使公司煥發了青春，又一次在汽車市場神奇般地崛起，市場佔有率僅次於通用汽車公司。

這三起三落的巨大變化，描述出了一個無可置疑的真理：人才，只有人才，才是決定競爭勝負的關鍵因素，能重用人才、知人善任的，就將在競爭中勝出；反之，慘敗的厄運就會在前面等著你。

泰國的AC集團在大陸經濟改革開放之際，就毅然進軍中國市場，它果敢的行動，得到了中國高層的極大關注。AC集團在瀋陽市打出了「人才本地化」的響亮口號，大張旗鼓地為自己招攬人才。

在人才招聘會上，公司詳細開列了所需人才的一條件。瀋陽市有一六七名副處級幹部參加了應聘，經過英語考試，就有八十%的人慘遭淘汰。剩下的三十名幸運者又必須面對一場別開生面的面試，結果僅有十九人成為佼佼者，脫穎而出。

廣泛招攬人才，使自己的企業成為智慧和才能的高聚集區，產品的開發力度就會不斷增強，市場競爭力和經濟效益就會不斷提高，企業的發展就會一日千里。

日本電通公司董事長吉田秀雄曾說：「任何企業要想有一番作為，首先必須注意的就是使用人才。假使人才經營得當，企業就能正常運作，獲利率就會相對提高。」

他是這樣說的，也是這樣做的。不管何時何地，他都把廣攬人才作為一項十分重要的工作來做，即使那些人才身上帶有一些弱點、擁有一些不可理喻的特殊癖好，他都毫不在意，把他們一個一個招攬到自己手下，只要他們確實具有真才實幹，這就夠了。

洛克希德公司總裁霍華德·休斯也是一個知人善任的英明領導者，他能夠從無數普普通通的應聘者中把人才挑選出來，根據他們的特長，委以重任，讓他們更充分地發揮自己的作用。

大學畢業生帕瑪剛到公司工作不久，就被休斯慧眼識英才，提拔他擔任了公司獨挑大樑的飛機設計師。帕瑪深受感動，把自己的全部才能都發揮了出來，在這個重要的工作崗位上做出了非凡的業績。

對人才必須要有正確的認識，不能錯誤地認為學識過人就是人才，也不能誤認為人才樣樣工作都能拿得起、放得下。把人才放到不恰當的位置上，對人才就是一種浪費。

千里馬只有在獨自奔馳的時候，才能顯現出他的出眾才能；而把他放在與普通馬一樣的位置上，吃一樣的草料，走一樣的路，他的卓越才能又怎麼能顯現出來呢？

廣攬人才是相當重要的，但知人善任就顯得更加重要。要挑選合適的人才，讓他們去擔負與他們才能相符的工作，他們的才能就會得到最大限度的發揮。

巴斯夫公司的經驗值得我們借鑒。每一個初來乍到的員工都要受到多名高級經理的接見，他們的才能都被瞭解得十分清楚，然後再被推薦到合適的職位上任職。他們的工作環境和安全設施都是第一流的，為員工充分發揮自己的才能提供了保證。

公司高層管理人員還會定期、不定期地對員工進行考核，廣泛地進行接觸，以便更充分地發現他們的才能，給予他們更合適的任用。

做到了廣攬人才，知人善任，企業的發展就得到了強有力的保證，事業的成功就是指日可待的事情了。

有效的激勵機制—爆發出下屬的萬丈雄心

獵物就是對狼群最好的獎勵，捕獲不到獵物，狼群只能飽受饑餓的煎熬，因此狼們不論在什麼險惡的情況下，都會拿出亡命之徒的姿態，來拚死一戰。獎勤罰懶的激勵機制在企業內部必須有效地確立起來，用各種方法對做出業績者給予表彰和鼓勵，對毫無見樹、甚至造成較大失誤的人給予批評和處罰，就能在企業中形成人人爭先的良好局面。

新力公司董事長盛田昭夫不僅在招攬人才上有一套獨特的辦法，而且還在公司內部建立了一套別出心裁的制度，對人才進行有效的激勵，促使他們更充分地發揮自己的才能。

在公司每星期出版的小報上，允許各下屬單位刊登「求人廣告」，也允許員工發佈自己的

「求職廣告」，公司職員可在所有單位之間自由應聘，任何人都無權干涉。公司內部的人才流動，為人才更好地發揮自己的特長提供了廣闊的舞台。

與此相反的是，我們常常看到一些企業不惜重金，請來了人才，但卻不能合理地運用，把他們安置在不恰當的位置上，挫傷了他們的積極性；還有一些領導者，雖然對人才十分重視，也給予了他們恰當的位置和權限，卻對他們不放心，時時刻刻都想過問、干預一下。自以為這是對他們的關心和愛護，沒想到卻反而束縛了他們的手腳，使他們無法大顯身手。

建立有效的激勵機制，對一個企業來說，是相當重要的。人人都有追求成功的心理需求，不管是那些身懷絕技的人才，還是普普通通的員工，這種心理需求都是相當旺盛的。用制度的形式給予他們這種機會，他們潛在的創造才能就會被極大地激發出來，做出連他們自己都會吃驚的業績出來。

雖說人的才能有大有小，但我們必須承認，每個人都是有所特長的，只不過由於各式各樣的原因，許多人的特長、甚至是才能都被忽視了、埋沒了，這是十分可惜的事情。很可能他們自己都沒有意識到，但只要確立一套有效的激勵機制，把機會提供給他們，他們的特長和才能就會在一瞬間顯示出來。

有效的激勵機制主要體現在獎勤罰懶上，用各種物質的、精神的手段，對做出業績者給予表彰和鼓勵，對毫無見樹、甚至造成較大失誤的人給予批評和處罰，就能在企業內部形成人人爭先的良好局面。

這就好比草原上的狼群。狼群每次捕獵成功，都會把獵物盡情享用，在分享勝利果實的過程中，狼性中英勇頑強、奮發向上的品格被有效地激發了出來。與此相反，如果狼群捕殺不到獵物，就要長時間地挨餓，饑腸轆轆的滋味就是對狼們的最好懲罰。

獎勤罰懶的激勵機制在狼群中實施得十分徹底，又十分公平，因此狼們不論在什麼險惡的情況下，都會拿出亡命徒的姿態，來拚死一戰，用血的代價，去爭取最終的勝利。

英國維珍集團是一個聞名世界的大企業，在全球二十六個國家開辦了二百多家公司，員工達到二萬五千餘人。集團廣泛涉足飲食、旅遊、航空、金融、飲料、婚紗禮服等各個領域，在世界上產生了廣泛的影響。

維珍集團的創辦者是理查·布蘭森，從二十六歲退學創辦《學生》雜誌開始，他在商場縱橫一生，一手把維珍集團發展壯大，現在他已擁有了三十億美元的龐大家產，成為英國首屈一指的大富豪。

他的公司雖說十分龐大，員工人數眾多，但他卻匠心獨具，精心運作，創建了一套行之有效的內部激勵機制，使公司始終煥發著無盡的生機，保持著平穩而正常的運轉。

更令人稱絕的是，他獨樹一幟，別出心裁，首創了「把你的點子說出來」的創意機制，用來鼓勵員工獻計獻策，為集團的發展出主意、想辦法。

一般大公司的老闆都是不願把自己的電話號碼讓員工知道的，以免員工找上門來給自己帶來不必要的麻煩。但布蘭森卻偏偏反其道而行之，他把自己的專線電話公開，讓每一個員工都知道，只要員工想到了什麼好辦法，就可以以最快的速度傳遞給他。

接員工的電話雖說佔用了他不少時間，但他樂此不疲，因為他從這些電話中確實得到了不少有用的新點子，為他的決策提供了不少的幫助。

他還非常願意和員工們直接對話，聽取他們的意見和建議。但公司實在太大了，要把員工一個一個辨認下來，都是一件很難的事情，更別說抽出時間來和他們一個一個地交談了。怎麼辦呢？他又想出了另一個辦法，建立了另一套激勵機制。他的公司每年都要舉行一個宴會周，只要員工想出了好點子，都可以報名來參加宴會。他的宴會周盛況空前，最多的一次曾達到了三千五百餘人。集團的高級主管和他本人都親自參加宴會。在宴會進行的過程中，每一個員工都可以直接走到他面前，向他獻出自己的點子。

他覺得這還不夠，於是又親自下令，要求每個部門都要建立一套完整的制度，鼓勵員工為企業的發展獻計獻策，並且還要保證把這些點子以最快的速度上傳到他那裡。

在他的要求下，集團的每個常務董事都在所在地的餐廳常年預留了八個空位子，不管是哪個員工，只要他想出了一個點子，就可以申請和常務董事一起共進午餐。

他還一再要求各部門的經理向員工們徵集好點子、好建議、好構思，以供他決策之用。

透過這一系列科學有效的內部激勵機制，他和員工們得到了經常性的溝通，整個集團達到了空前的團結，確保他在經營中採取更有效、更靈活的策略，促進了企業的全面發展。

給員工創造成功的機會，讓員工時時刻刻都有一個明確的奮鬥目標，就能極大地激勵出員工的工作熱情，做出更加突出的成績。

「為正」食品連鎖店是日本的一家飲食企業，總經理販塚正兵衛提出了「人人有店」的口號，大張旗鼓地實施「分店制度」。他的做法是這樣的：只要員工賣力工作，為店裡做出了實質性的突出貢獻，他就出資給這位員工開一家分店，讓這位員工自己也能當上老闆。

結果，員工的工作積極性空前高漲，都在為成為老闆而不懈努力。分店接二連三地開起來了，連鎖店的規模越來越大，經營效益也成倍地增加。

世界著名發行人克坦司是深深懂得如何激勵下屬的。每當下屬要向他請示重大問題時，他總是藉故離開了，而且離開的時間還相當長，少則十天半月，多則幾個月。等到他回來的時候，他欣喜地發現，所有的問題都已經圓滿解決了。

他用這種方式告訴自己的下屬：你們都是能夠自行解決問題的，你們有能力成為獨當一面的人才，我把充足的時間和充分的自由交給你們，你們可不能讓我失望啊！

下屬們領會了他的言外之意，就會竭盡所能，把問題解決好，把滿意的結果交給他。

這同樣是一種有效的激勵，雖說沒有明白無誤的表露，但一切盡在不言中。還有什麼能比充分的信任更令人感動的呢？這不是最強烈的激勵，又是什麼呢？

當然，作為老闆，克坦司並非什麼事都不管。公司的重大決策還是由他做出的，只有那些他認為完全應該由下屬處理的問題，他才堅決撒手不管，讓下屬自行決定應該怎麼做。

經過這樣的磨練，下屬們的工作能力得到了極大的增強，他們能夠獨立地處理許多重大問題，逐漸成為經營的高手、公司的支柱。

確立了有效的激勵機制，就能充分調動起公司員工工作的積極性和創造性，更大限度地發揮各自的特長和才能，為企業的發展做出更突出的貢獻。

汰弱留強，確保團隊的戰鬥力

如果有狼在捕獵過程中受了重傷，無法行動，那麼狼王、頭狼、大狼等頭領都會果斷地把牠咬死。這種殘忍手段確保了狼群的戰鬥力，使狼群在作戰中銳不可擋。

在企業內部，也要不斷地淘汰弱者，補充強者，以確保企業具有較強的進取心和旺盛的鬥志，顯示出無限的活力，在市場競爭中奮發圖強，大踏步地前進。

在一個企業內部，有的人工作能力較弱，往往花費數倍於別人的時間，卻還是做不好份內的事情；有的人年事已高，再也不像年輕時那樣敢想、敢做，暮氣沉沉，工作毫無起色；有的人做出過成績，就驕傲自滿了，再也不努力了，工作出現了嚴重的倒退，並對其他員工產生了極為消極的影響……

如此等等，對這些能力較弱、表現較差的員工，應該怎麼處理呢？答案只有一個：堅決給予淘汰，以確保企業永遠生機勃勃，奮發圖強，有較強的進取心和旺盛的鬥志。

也許有人會說，這樣做是不是太殘忍了呢？人的能力有大有小，總不能讓那些能力弱的人都去餓死吧；再說，這些人沒有功勞還有苦勞，總該給他們一條生路走吧。

有這種想法的人只能是令人尊敬的慈善家，但卻絕對成不了優秀的企業家。試想一下，如果把這樣的弱者長期保留在企業內部，影響了一些事務性的工作還不算什麼，嚴重的是將會極大地渙散所有員工的鬥志，使大家誤認為「做好做壞一個樣」，誰也不肯拚了命地去努力，企業的發展和進步豈不成了一句空話？

一些虧損累累的國營企業之所以陷入困境，改革起來又舉步維艱，是與吃慣了幾十年的「大鍋飯」大有關係的。「做好做壞一個樣」的現實會滋長大家的惰性心理，使大家都逐漸消沉下去，變成不思進取的弱者。

還是來看看狼群吧，那些血淋淋的事實足以讓我們猛醒！

如果有狼在捕獵過程中受了重傷，無法行動，那麼狼王、頭狼、大狼等頭領都會果斷地把牠咬死。

狼的這種做法表面看起來很凶殘、無情，但細細推究，我們會發現這樣做卻是十分明智的。將傷勢很重的狼咬死，就使牠免除了日後艱難謀生的痛苦，對牠來說，實在是一種莫大的解脫。這樣做還有另一個好處，就是確保了狼群的戰鬥力，使狼群中的每一個成員都成為名符其實的精兵強將，在作戰中銳不可擋。

淘汰弱者，挽留強者，在狼群中是這樣，在現代化的大企業中也同樣如此。

松下幸之助是日本松下電器公司的創辦者，也是日本最著名的工商業鉅頭，享有「經營之神」的美譽。

八十二歲那年，他做出了一個重大決定，由他的兒子松下正治接任董事長，再把當時還名不見經傳的山下俊彥提升為總經理。

在公司二十六位董事名單中，山下俊彥排在倒數第二的位置。就是這樣一個普普通通的董事，卻能夠出人意料地連續躍過前面的二十四名董事，甚至還包括德高望重的常務董事、專務董事和四位副總經理，一步登天，這到底是怎麼一回事？難道松下幸之助老糊塗了？

松下對此的解釋是，公司緊接著就要迎來創業六十周年大慶的日子了，必須實現公司領導團隊的年輕化，而山下俊彥只有五十七歲，正是年富力強、敢想、敢為、敢衝的時候。

松下對山下俊彥的才能也是十分欣賞的。十多年前，總公司下屬的西部電器公司陷入困境，虧損累累，經營停頓，工人罷工，令人束手無策。山下俊彥到了那裡，很快就解決了問題，而且沒有讓總公司投入一分一毫的資源。人才難得啊，松下早就想把山下俊彥放到更重要的位置了，而現在正是時候。

松下早已敏銳地察覺公司內部存在一系列潛在問題：利潤比不斷下滑，內部機制運轉不夠靈活……，而公司領導層卻仍是有條不紊，自以為天下太平。

松下希望山下俊彥能以大無畏的氣魄，正視這些問題，帶領公司改變原有的精神面貌，走上快速發展的道路。松下決定從此正式退休，把經營大權完全交給山下俊彥。

山下俊彥果然沒有辜負松下的期望，他對公司的各部門進行了全面的調整，組織各部門通力合作，完成了一系列在常人看來不容易完成的重大改革。

他當了五年總經理，公司的營業額就由原來的一・四三萬億元躍升為二・三四萬億元，使松下電器公司重新煥發過去創業時的衝勁，再一次成為人們關注的焦點。

對企業中不稱職的人，必須給予淘汰，只有他們把位置騰出來，真正願意幹事業的人才能有用武之地。

某食品廠的銷售狀況出奇地好，出貨的倉庫前常常排著長隊，提貨的車輛堵塞了交通，給過往行人帶來了極大的不便。就在這時，一個消息在排隊的人群中傳開了，都說廠裡的銷售科長出於私人交情，竟將五十噸緊俏食品批發給了一個商販，使供不應求的狀況更趨嚴重。

這一情況第一時間回報給了廠長，廠長當即決定撤換銷售科長的職務，並將這一決定張榜公佈，以安定人心。

廠裡有人對這一處理很不理解，認為反正現在銷售勢頭如此強勁，何必痛下殺手，用如此重的手段來處理自己人，卻去安撫那些排隊等候的小商販呢？

廠長聽了，嚴肅地說：「那些商販雖小，但卻是咱們的衣食父母，傷了他們的心，今天這種局面就會成為歷史。只有善待他們，咱們的企業才能永保活力。」

在宣佈處理決定的同時，廠長還承諾立刻更新生產線，擴大生產，以滿足消費者的需要。這些決定一出，很快受到了大家的歡迎，廠裡的所有產品都被搶購一空，良好的銷售勢頭繼續保持了下去。

假如把一個企業比作一個健康的人體的話，那麼它的活力就要靠不斷補充新鮮血液來保證。何為新鮮血液呢？就是那些富有朝氣、才能出眾、敢想敢幹的人才和闖將。

美國報業大王威廉·拉道夫·赫斯特是非常注重對人才的爭奪的，在與報業鉅子、《紐約世界報》總裁普利策的激烈競爭中，他就是透過「挖牆腳」的辦法，把《紐約世界報》的人才全部挖到自己這邊來，才完全擊垮了對方，取得了競爭的勝利。

他決心把自己的《紐約日報》發展壯大，因此不惜付出高薪的誘餌，把《紐約世界報》的著名漫畫家、著名劇評家等一批重要人物相繼請入自己的陣營。此招得手，他變得更加明目張膽，索性把自己的報社搬入《紐約世界報》的大本營，與普利策的人馬在同一座寫字樓辦公，擺出了公開叫陣的態勢。

有一天，普利策走進自己的辦公室，突然吃驚地發現，整個辦公室空無一人，原來他的全部人馬都被赫斯特用高薪挖走了。他氣急敗壞，難道能這樣讓自己的報社垮台嗎？他立刻找到自己的原部屬，給他們許諾更高的薪金，又把他們全部請了回來。

但還沒等他穩住心神，第二天，他發現自己的部屬又全部叛變了自己。原來赫斯特又付出了遠遠高於他的薪金，有錢能使鬼推磨，他的報社片刻之間就面臨眾叛親離的困境。

普利策沒有辦法，只好用高薪從別的報社挖來了幾個人才，來勉強維持報社的運營。原《太陽報》主編布拉斯本被高薪請到了《紐約世界報》，這家搖搖欲墜的報社在他的全力支撐下，又一次煥發了生機。

普利策聞訊，豈肯甘休，又使出老辦法，用高薪把布拉斯本也挖了去，把自己剛剛創辦的《紐約晚報》交給他來主編。

到了這種地步，普利策再也拿不出一點好辦法，只好甘拜下風，任由赫斯特在報界縱橫馳騁，八面威風。

弱者去了，強者來了，企業就會顯示出無限的活力，在市場競爭中新招迭出，推陳出新，大踏步地前進。

第三章 狼智：穩守地盤，圖謀發展

第三章 狼智：穩守地盤，圖謀發展

為了求得生存和發展，狼群往往會採取十分靈活的戰術，牢牢把握住捕獵的主動權，穩穩守住自己的地盤，再尋找機會，四處出擊，爭取更大的生存空間。

一個企業要想在市場競爭中立足，並取得進一步的發展，就必須學習狼的這種智慧。先從自己最熟悉的行業做起，創出自己的品牌，打下一定的基礎，然後再向別的領域擴張。

在經營的過程中，一定要注意把握主動權，機動靈活地採取行動，在別人無法預料的方向出擊，演繹著白手打天下的神話。要有強烈的危機意識和憂患意識，防微杜漸，因勢利導，讓自己的企業在發展的過程中走得更安全、更久遠。

在市場上建立一塊根據地

狼群在草原上劃定了各自的地盤，長久地繁衍下去。如果沒有地盤，狼群遲早都會遭受重創，因此狼群把地盤看得比自己的生命還要重要。商家為自己在市場上建立一塊根據地，就能得到原料的充足供應、合作夥伴的有力支援和客戶的普遍信任，成為自己生存的基礎、擴張的基石，因此商家一定要進行全力經營，確保它的穩固，使它成為自己的堅強後方。

市場競爭就如同水與火的戰場廝殺，沒有根據地是萬萬不行的。所謂的根據地，就是自己在某一行業所佔據的優勢地位，得到原料的充足保證、合作夥伴的有力支援和客戶的普遍信任。

在自己的根據地裡，企業的發展具有很強的後勁，企業進退自如，左右逢源，是自己生存的基礎、擴張的基石，商家一定要對此給予高度重視，進行全力經營，確保它的穩固，使它成為自己的堅強後方。

這就好比狼群，雖說狼群流動作戰，足跡遍及廣闊草原，但每一群狼都一定要為自己打下一塊地盤，作為自己生存、繁衍的根據地。

狼群在草原上劃定了各自的地盤，同家族的幾群狼共同生活，互相關照，並肩作戰，長久地繁衍下去。

如果沒有地盤，狼群遲早都會遭受重創，嚴重的甚至會全軍覆滅，因此狼群把地盤看得比自己的生命還要重要。

為了爭搶地盤，狼群之間常常大打出手，進行你死我活的戰鬥。勝者為王，敗者為寇，奪取地盤就意味著日後的生存，而喪失地盤就意味著將成為無家可歸的野狼，四處漂泊，吃盡苦頭。

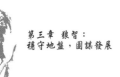

對狼群來說，根據地就是牠們生存的地盤，而對於一個企業來說，根據地就是他們在某個特定行業、某個特定領域所取得的市場佔有率，自己具有較大的優勢，別人無力染指。

在市場中，行業是千差萬別、五花八門的，為自己選定一個極有潛力的行業，進行全力經營，發展成一定的規模和氣候，成為自己在市場中的一個立足點，這是每個商家在初涉商場的時候所必須經歷的第一步。這一步走成功了，也就意味著自己的根據地確立起來了，事業的進一步發展才有了基礎。

這「第一步」是很不好走的，往往要經歷失敗的考驗、痛苦的摸索，才能在付出較高的代價、做出較大的犧牲之後，在市場上把自己的根據地打下來。

喬治·伊士曼用一生的精力創造了一個世界級的頂尖品牌「柯達（KODAK）」。他一生未曾結婚，把自己的全部精力和心血都用在了柯達相機、柯達膠捲的研製工作中，贏得了世人的廣泛尊敬和愛戴。

他的童年生活是不幸的，由於父親的早逝，他的家庭狀況急轉直下，十四歲那年，就不得不到一家保險公司去做勤雜工，賺了錢交給母親貼補家用，而自己則儘量省吃儉用。

過了二十歲，他成人了，懂事了，有了更高的人生目標。他不想再幹那些簡單的體力活，而想學著別人的樣子，也去發明幾樣東西，為自己在市場經營中打下一塊根據地，以改善自己的生活條件，滿足自己的人生願望。

想法雖是十分美好的，但實施起來卻就很不容易了。他曾經費盡心機，發明了一種新型爐條，可是令他失望的是，與此相類似的產品早已經問世了。

當時的照相機、顯影設備相當笨重，而且還沒有出現膠卷，使用的是玻璃光片，效果很差。他心中靈光一閃，覺得自己應該發明一種新型的簡便照相機，使照相就像使用鉛筆一樣容易，隨時隨地都可以使用。

他立刻把全部精力和時間都投入到研製工作中，廢寢忘食，夜以繼日，半年多異常艱苦的奮戰終於結出了碩果，一種效果很好的感光乳劑被他發明出來了。他拿出自己的所有積蓄，與別人一起開了一家小廠，主要生產乾式感光劑。一開始，他就為自己的經營確立了切實可行的原則：大批量產、盡可能地降低銷售價格、多進行廣告宣傳、努力把產品推向全國、全世界。他的產品就這樣迅速佔領了市場，在市場上建立了一塊穩固的根據地。

一八八六年，卷式感光膠卷被他發明出來了，結束了使用玻璃光片的歷史。一八八八年，一種新型的小箱型照相機在他的手中誕生了，他為這種相機取了個「柯達」的名稱，僅僅這一年，他就售出了一萬三千架照相機，這在別人心目中是夢寐以求的事情，而他卻輕而易舉地實現了。

從此「柯達」的品牌享譽全球，穩穩佔據了行業的龍頭地位。

柯達相機不僅品質上乘，而且售價異常低廉，在顧客沖洗完膠卷之後，沖洗公司還會再向顧客贈送一卷軟片。頓時顧客盈門，每天沖洗公司門前都排著長長的隊伍。

一八九五年，袖珍型柯達相機問世，為了實現相機大眾化的目標，他把售價僅僅定為五美元，更引得成千上萬的顧客前來搶購，一舉擊敗了所有的競爭對手。

他的廣告也很是別出心裁，報紙、雜誌、廣告欄裡到處都是「柯達小姐」、「柯達夫人」迷人的笑容。他的廣告語很快就家喻戶曉：「你按一下按鈕，其餘的事就由我負責。」

他用自己的畢生心血，把這塊根據地發展壯大，打造出了舉世聞名的照相機帝國。到了晚年，他不幸患上了不治之症，一九九二年三月十四日，他立下遺囑，把自己的大部分財產贈給大學，以培養更多的優秀人才，然後舉槍自殺，結束了自己光輝的一生。

喬治·伊士曼用了畢業的心血，在照相機市場開創了自己的根據地，並發展壯大，形成了龐大的帝國，他的經營成功，對我們是有很強啟示意義的。

在創立根據地之初，一定要多方考察，選擇好自己將要涉足的行業。我們常說：「男怕進錯行，女怕選錯郎」，市場經營也是如此，一旦選擇了錯誤的行業，很可能會敗得慘不忍睹，建立一塊根據地的夢想也將變得遙遙無期。

無數經驗告訴我們，在創業之初，最好先從自己最熟悉的行業做起，自己就會更得心應手，具有更大的優勢和更靈活的應變能力，取得更快的成功。

《佐賀報》是日本一家地方性報紙，在激烈的報業競爭中，報社歷經一百餘年，仍保持著旺盛的生命力。這與報社始終以誠相待、極重人情味有著密切的關係。

當地屬於海洋性氣候，一到下雨天，報紙就變得濕乎乎的。董事長認為把這樣的報紙送給讀者是很不禮貌的，於是他要求投遞員在陰雨天氣裡，都要用塑膠袋將每份報紙細心地包好，再送到每一個讀者手裡。

一隻塑膠袋雖小，卻代表著報社的一片真誠之心，溫暖著每一個讀者，贏得了人們的普遍讚賞，報紙發行量節節升高。

立足於一個行業，哪怕是很不起眼的、很微不足道的，但只要付出全部心血和無限赤誠來經營，就會得到廣泛的支持，使自己的根據地變得堅如磐石。

多川博建立了自己的尼西奇公司，生產雨衣、游泳衣、防雨蓬之類的產品，雖有一定的收益，但利潤並不大。後來，他透過市場調研，發現了一個別人都忽視了的領域：嬰兒尿布。在日本每年都有數百萬計的嬰兒降生，但日本的大小企業卻對這個巨大的潛在市場視而不見，把大好的市場機會白白丟掉。

多川博立刻轉產，還把自己的企業改名為「尼西奇尿布公司」，決心把這一事業發揚光大。

他不斷採用新材料、新技術、新設備，提出了「提高品質，增加品種」的口號，使自己的產品很快成為市場上的熱門商品。

經過幾十年的精心研製，他的尿布日益完美，無論是吸水力，還是透氣性，都達到了前所未有的程度。他的產品不僅壟斷了整個日本市場，而且還遠銷世界七十多個國家。一九七八年日本天皇還特意授給他「藍綬綬章」，以表彰他在這一領域的重大貢獻，他也成為聲名遠播的「尿布大王」，開創了前所未有的事業。

小小的尿布竟然做成了大事業，誰還能說這樣的根據地是微不足道的呢？這就提示我們，在創建根據地的過程中，千萬不可盲目求大、急於求成，一定要立足於自己最熟悉的行業，努力做出成效，有了一定基礎之後，再圖謀向其他行業和領域發展。

許多世界級的大型企業就是這樣一步步走過來的，學習他們的經驗，腳踏實地，做好創建根據地的工作，對初涉市場的人來說，是個嚴峻的考驗和挑戰，但只要全力以赴，就一定能獲得初戰的大捷。

打出自己響亮的品牌，並讓它無所不在

對狼來說，銳利的四根長牙就是牠的命根子。狼缺了耳朵，或是瞎了一隻眼，或是殘了一條腿，都能夠活下去，但如果缺了牙齒，狼就無法生存了。品牌是什麼？就是自己的旗艦產品。擁有自己的旗艦產品，就如同狼擁有了銳利的狼牙一般，在市場上縱橫馳騁，所向無敵。

到飯店裡吃飯，一看菜譜，菜名都十分動聽。雖說我們未必清楚它們到底是些什麼東西，但由名字的華麗精緻，就能聯想到飯菜的色香味美，食慾就會增加不少，濃重的文化氛圍也會撲面而來。

比如：竹筍炒豬排骨取名「步步高升」，髮菜豬蹄取名「發財到手」，海蜇皮拌蘿蔔叫做

「金聲玉振」，雞片炒魷魚叫做「遊龍戲鳳」，青菜上擺滿冬茹，就成了「金錢滿地」，鹹鴨蛋、松花蛋、滷蛋、茶葉蛋拼擺一盤，就成了「丹鳳朝陽」，等等，名目繁多，令人眼花繚亂。

菜名尚且需要如此精心雕琢，使普通的菜餚在這些華麗名稱的襯托下，身價倍增，以一定的文化內涵和藝術品位來吸引顧客，那麼對於一個企業來說，打出自己的品牌，就顯得更加重要。

不少老闆都在自己的公司名稱上費盡心思，極力想使自己的名稱既響亮又與眾不同。還有一些大公司更是一擲千金，公開為自己的新產品徵集名稱，以便給眾多的消費者留下極其深刻、極其美好的印象。他們深知，打出自己的響亮品牌，就等於在市場上為自己樹立了一個光芒萬丈的好形象，是自己佔領市場、開拓市場的重要標誌，是絲毫都不能馬虎的。

這不能不使我們又一次聯想到了狼。在一般人的心目中，狼的形象是狡詐、殘忍、狠毒的，「大灰狼」的故事流傳甚廣，深入人心，人們一提起狼，就想起狼口中長長的吃人獠牙，不由得膽戰心驚，既恨又怕。

隨著時代的發展、社會的進步，現在我們已經對狼有了全新的認識，對狼的堅忍不拔、積極進取、智慧狡黠、孤獨寂寞都給予了不同程度的認可和讚賞。於是在市場上出現了一大批以「狼」為品牌的商家和商品，表明他們渴望以狼一樣的姿態去開拓新的領域，佔領更廣闊的市場。

狼的招牌無疑是很響亮的，但是在古老的草原上，狼又是用什麼方式來把自己的招牌打得如此響亮的呢？

對狼來說，銳利的四根長牙就是牠的命根子。狼缺了耳朵，或是瞎了一隻眼，或是殘了一條腿，都能夠活下去，但如果缺了牙齒，狼就無法生存了。

狼用長牙來捕獲獵物、撕裂食物，使自己吃飽肚子；用長牙來和敵人搏鬥，使自己得到活命的機會；用長牙來傲視群狼，贏得狼群的廣泛尊敬，取得令狼們景仰的地位。

狼又一次給了我們深刻的啟示，讓我們明白了僅僅堆砌一些華麗的詞藻，裝飾一個華美的外表，來吸引世人的眼球，是遠遠不夠的。菜名再華麗，如果菜餚的品質粗製濫造的話，也是根本無法留住顧客的。因此光有一個好的名稱還遠遠不夠，還必須要有與此相配的高品質，名實相符，才能傳之久遠，較長時間地佔領市場。

招牌很重要，但品牌更重要。創造招牌容易，但創造品牌，就要難上加難，就要付出大量的心血、智慧、汗水和金錢。

品牌是什麼？就是自己的旗艦產品。擁有自己的旗艦產品，就可以在市場上縱橫馳騁，所向無敵。

汽車發明的一大宗師戈特利勃·戴姆勒於一八八六年研製成功「戴姆勒一號車」，此後他又花費大量精力，對汽車做了許多改進。一八八九年他率先為他的汽車安裝了四檔變速器，使汽車的性能更加優良。

一八九〇年他開辦了戴姆勒馬達製造廠，專門從事新型汽車的設計和生產。雖說他的汽車在當時是首屈一指的，但卻苦於一直沒有一個響亮的名稱，以便打出更加響亮的品牌。

一八九七年，戴姆勒汽車廠迎來了一個貴賓，奧匈帝國駐法國總領事埃米爾·葉理尼專程前來參觀訪問。

埃米爾·葉理尼看中了一輛鳳凰車，當即買了下來。他對鳳凰車的性能非常滿意，經常開著它出行。他還有一個女兒，非常漂亮，是他的掌上明珠，因此他就用女兒的名字梅賽德斯·傑林克給這輛車命名。名車、美女就這樣首次結合到了一起。

梅賽德斯在西班牙語裡的意思是「幸福」。這個名字果然給這車帶來了幸福，埃米爾·葉裡尼駕駛此車參加了尼斯汽車拉力賽，經過激烈的角逐，竟然一舉奪冠。他非常高興，於一九〇〇年三月又向戴姆勒汽車廠訂購三十輛同樣的汽車，並提出要求，希望能給這些車取名「梅賽德斯」，並允許他擁有一些國家獨家經銷。

戴姆勒完全同意這些要求。汽車很快生產出來，投入市場，出乎意料的是，這些車非常暢銷，很快就銷售一空，「梅賽德斯」名聲大震。見到這種大好局面，戴姆勒決定把廠裡生產的其他型號的汽車都一律更名為「梅賽德斯」，並正式登記註冊，戴姆勒汽車廠就這樣佔領了汽車市場。

梅賽德斯轎車是一種新型高速轎車，它的問世，標誌著汽車製造業的新階段。在這個金光閃閃的品牌面前，汽車發明的另一大宗師卡爾·本茨迅速敗下陣來，本茨無奈，只好去改產其他型號的貨車。

這就是品牌的優勢，高品質的產品與華麗、響亮的名稱完美地結合在一起，形成了強大的衝擊力，在市場上刮起一陣旋風，令自己的競爭對手們無力阻擋，望風披靡。

古時的將軍招兵買馬，都要首先打出自己的旗幟，現在的商家要想更快地佔領市場，也要首先打出自己的響亮品牌。

蘋果公司以生產舉世聞名的蘋果電腦而聞名於世，但我們可曾想過，「蘋果」名稱是如何與電腦這種高科技產品奇妙地結合在一起，在市場上打出了響亮的品牌的嗎？

在此之前，高科技公司的取名多以創辦者的姓氏命名，或者再加上「電子」、「技術」、

「網路」、「信號」之類的名詞，比較雷同，不太引人注目。

蘋果公司創辦人賈伯斯一向對蘋果情有獨鐘。他曾經患過一場痢疾，使他完全改變了過去的飲食習慣，一日三餐都吃起了素食，而且每天都堅持吃蘋果。

公司創辦起來了，電腦研製也取得了很大的進展，但公司的名稱卻遲遲定不下來。全體創辦人員絞盡腦汁，想了很多名稱，但都不如人意。賈伯斯想到了自己最愛吃的蘋果，他靈機一動，乾脆以「蘋果」來給公司命名吧，人們不是都說吃蘋果的嗜好是亞當夏娃流傳下來的嗎，既包含有促人健康的意思，又具有一種親切和諧的氛圍，還顯得很與眾不同，能給人留下深刻的印象，多好的名稱啊！

賈伯斯的提議得到了大家的一致贊同，於是蘋果電腦、蘋果公司就這樣誕生了。品質優良的蘋果電腦很快打開了市場，成為消費者極其喜愛的著名電腦品牌。

優質的產品加上響亮的名稱，就創造出了一個品牌，製造出轟轟烈烈的「名牌效應」，在「名牌效應」的推動下，自己的產品就可以暢通無阻地佔領市場，取得令人注目的成功。

積極掌握市場的主動

在與各種獵物血腥搏殺的漫長歲月中，狼群積累了高度的智慧，注意時刻把握作戰的主動權，務求捕獵的全勝，使狼群能夠以較小的代價，換取較大的勝利。

商家只有緊緊跟隨時代潮流，及時調整經營思路，以超前的意識做出明智的決策，才能使自己長久地擁有主動權，趨利避害，在新的領域不斷取得新的勝利。

在商業運營中，如果能夠領先一步，開發出一件新產品，那麼就能保證自己把經營的主動權牢牢抓在手裡，控制有利局面，保持壟斷性的地位。市場價格由自己說了算，眾多消費者趨之若鶩，把大把的金錢給自己送來，讓自己賺得鉢滿盆溢。

但這樣的夢想是很不容易實現的，最初創業的時候勢單力薄，摸不準行情，看不清方向，總是跟著別人亦步亦趨，隨波逐流，收益自然很低。難道就這樣一直被動下去？

一時陷入被動局面是情有可原的，可怕的是有些人在不利的形勢面前一昧地怨天尤人，根本不去動腦筋想一想，怎麼樣才能改變這種局面，怎麼樣才能把握住自己航行的方向？

沒有獨立思考的大腦，沒有高瞻遠矚的眼光，沒有果敢堅決的行動，主動權就永遠不可能握在自己的手中。

狼群的捕獵方式是十分靈活的，在與各種獵物血腥搏殺的漫長歲月中，狼群積累並具備了高度的智慧，尤其是以狼王為首的中堅力量，更是注意時刻把握作戰的主動權，務求捕獵的全勝，使狼群能夠頑強地生存下去。

狼群掌握了一系列戰略戰術，能夠運用地形、氣象，神出鬼沒，能夠正確地選擇時機，能夠制訂切實可行的作戰計畫，能夠集中優勢兵力殲敵滅戰，能夠熟練地運用遊擊戰、運動戰、閃電戰、偷襲戰……等等，從而把捕獵的主動權牢牢抓在了手中。

主動權就意味著過人一等的戰略頭腦，必然會帶來輝煌的勝利。任何企業都是由小變大、

由弱變強、由在市場中的被動地位而逐步佔據了絕對的主動優勢。當然這是需要一個艱苦的過程中，在這個過程中，重要的是商家要有積極主動的意識，努力去改變弱小的不利現狀，使自己的經營變得更靈活、更有朝氣、也更有成效。

二戰結束後，在日本出現了一家土木工程公司，名叫「間組建設公司」。在當時的日本，最具盛名的是鹿島、清水、竹中、大成、大森等五大建築公司，間組建設公司的實力較弱、規模較小，是與它們無法相提並論的。

公司老闆神部對此深感痛苦，每當他去和客戶洽談生意時，客戶總要以懷疑的眼光對他打量半天，使他心裡很不舒服。他明白，如果不能改變客戶對公司的這種成見，那麼公司在市場上就永遠無法把握主動權，只能仰人鼻息，看人臉色，低三下四地求活，就連十拿九穩的生意都會被別人輕易地搶走。

於是他想出了一個辦法，派人向日本各大報刊送去一大筆廣告費，要求各大報刊在今後的報導中和廣告中，都要把自己和那五大公司並列，統稱為「六大建設公司」。

「六大建設公司」的廣告很快刊登出來了，瞭解內情的人都對神部冷嘲熱諷，但神部一概視而不見。過了不久，「六大建設公司」的宣傳就造成了聲勢，使許多不明真相的人信以為真，把他的公司當作日本第一流的大型建設公司來看待了。

儘管在公司內部，有許多人對他這種自吹自擂的做法很是不安，但他的計謀還是取得了很好的效果。衝著「六大建設公司」的名聲，越來越多的客戶慕名而來。

神部要求公司的每一個員工，都要以高度的事業心和責任感，確保自己工作的萬無一失，確保每一個客戶高興而來、滿意而去。熱情周到的服務使公司的聲譽蒸蒸日上，生產規模逐漸發展起來，很快超過了一些比自己公司強大的其他公司。

三年過去了，間組建設公司已經相當強大，可以與那五大建設公司平起平坐、並駕齊驅了，成了名符其實的日本第六大建設公司。到了這個時候，就再也沒有人敢對神部冷嘲熱諷了。

神部就這樣掌握了主動權，把自己從那些同等規模的公司中超越出來，直接與第一流的公司劃上了等號。儘管他的廣告宣傳有欺騙之嫌，但他的出發點是好的，他的目的並不是製造假冒偽劣產品，而是想為自己爭取更好的聲譽，把自己的命運完全把握在自己手中。

在被動的處境中主動地想辦法，提高自己的知名度，改善自己的經營狀況，商家就掌握住了自己經營的主動權。進一步發展下去，就會完全掌握自己的命運，成為屈指可數的大型企業，所獲得的利潤就會更加驚人。

唯我獨尊，雄霸天下，這種理想局面是許多商家都夢寐以求的，但必須要認識到，要走到這一步是相當艱難的，即使僥倖地成功了，也是很難保持天長地久的。

在世界上曾先後出現過鋼鐵大王、石油大王、塑膠大王……等等，確曾在一定時期壟斷過市場，達到了「凡事自己說了算」的理想境界，但沒過多久，就地位不保，或被後起之秀所打破，或被政府的強有力干預所瓦解，壟斷的夢想就轉眼成空。

天在變，地在變，時代背景在改變，只有緊緊跟隨時代潮流，及時地調整自己的經營思路，以超前的意識做出明智的決策，才能使自己長久地擁有主動權，趨利避害，在新的領域不斷取得新的勝利。

金·坎普·吉列是美國著名企業家，他的公司以生產男性刮鬍刀為主，在世界市場上佔有相當龐大的佔有率，世界上約有一半的男人使用他的產品，使他賺得了豐厚的利潤。

可是他的創業之路卻很不順利。他從十六歲失學，開始走上社會謀生，一直到四十歲為止，都在為別人打工，做一個四處奔波的小小推銷員。

推銷員的工作是十分辛苦的，不僅忙碌、勞累，而且還必須時刻看別人的臉色行事，這使他非常痛苦，一心想改變這種命運，把主動權掌握在自己手中，但怎麼樣才能做到這一點呢？他心裡一點把握都沒有。

後來他發現男人使用的刮鬍刀很不方便，就靈機一動，心想設計出一種很好使用的新型刮鬍刀，不就可以發筆大財，使自己能夠按照自己的想法來生活了嗎？

於是他立刻開始行動，在家裡潛心研製，經過日夜努力，他的新型刮鬍刀終於發明成功了。一九〇一年，他成立了自己的吉列公司，開始投入正式生產。

不料出師不利，一年的銷售成果簡直是慘不忍睹：一九〇二年整整一年，他僅僅售出五十一個刀架，一六八片刀片。

為什麼會這樣呢？他的刮鬍刀品質上乘，比老式刮鬍刀強了何止百倍，問題到底出在哪裡呢？

經過一番市場調查，他發現自己並沒有完全弄懂市場規律，還不曾把經營的主動權完全掌握在自己手裡：產品的宣傳力度不夠，許多人並不知道產品的優越性能；價格定得有些偏高，人們不願意花如此高的價錢；還有，人們的使用習慣心理也很重要，對老式刮鬍刀的長期使用，使大家習慣成自然，不願接受新的事物。

掌握了這些情況，他就斷然採取了補救的措施：設法把產品的價格降下來，而且還免費贈送刀架，有了刀架，顧客自然會一再光顧，長期購買他的刀片了；與此同時，他加大了產品的宣傳，報刊雜誌上、街頭的廣告欄裡，到處都有吉列產品的廣告蹤影。這樣一來，顧客就紛紛上門，他的銷售情況出現了可喜的轉機，生意一派蒸蒸日上的良好勢頭。

第一次世界大戰爆發了，對許多商家來說，戰爭都是毀滅性的災難。但他卻早已認識到掌握主動權的奧妙，透過自己的認真思考，他認為對自己更有利的商機來了。於是他馬上與美國政府聯繫，提出自己願意以特別優惠的價格，向美國士兵提供刮鬍刀。

為了在全世界人民面前樹立美國軍人的良好形象，美國政府向他訂購了大量的刮鬍刀，發給每個士兵使用，他的銷售情況更趨火爆。

戰爭結束了，美國士兵也已離不開他的刮鬍刀了。他的固定消費者每年都在增長，直到產品最終完全佔領了美國市場。一九三一年他因病去世，公司的資產卻已經達到創紀錄的六千萬美元，這是個多麼大的奇蹟啊！

在市場中立足一天，就會有一天的無數機遇和考驗來迎接我們，我們必須牢牢掌握經營的主動權，把企業的命運和事業的成功穩穩地抓在自己的手中。

機動靈活，沒有一定的作戰模式

狼群在夜晚發動進攻的時候，一般總是悄無聲息的。但在有的時候，比如人畜聚居、很難實施強攻的情況下，狼群就會有意大張旗鼓，四面長嗥。戰爭中包含著深刻的奇正互變思想，在市場競爭中同樣融入了奇正互變的辯證法精髓。在人們普遍接受某一觀點和措施的時候，卻出人意料地採取了另一種觀點和措施，機動靈活，真假難辨，效果就會出奇地好。

市場競爭如同行軍作戰，是特別講究機動靈活的。當敵人誤以為我方將在甲地發動進攻時，我方的進攻目標卻偏偏定在了乙地；當敵人猜測我方將要採取行動時，我方卻偏偏不動聲色，毫無動靜；當敵人鬆懈下來、認為我方不會進攻時，強大的攻勢卻悄無聲息地展開了，如神兵天降，打得敵人措手不及。

真真假假，虛虛實實，令敵人防不勝防。這就是「奇正互變」的軍事思想，是由我國古代傑出的軍事家孫武在他的軍事名著《孫子兵法》中最早提出來的。他要求「以正合，以奇勝」，認為「善出奇者，無窮如天地，不竭如江海。」

如果先發制人是「正」，那麼遲人半步就是「奇」；如果正面進攻是「正」，那麼聲東擊西、暗渡陳倉就是「奇」；如果弱小者故意大張旗鼓、虛張聲勢是「正」，那麼實力空虛者明目張膽地以空虛的面目示人、大演空城計就是「奇」。

在人們普遍接受某一觀點和措施的時候，卻出人意料地採取了另一種觀點和措施，機動靈活，真假難辨，效果就會出奇地好。戰爭中包含著深刻的奇正互變思想，在市場競爭中同樣融入了奇正互變的辯證法精髓。

如果進一步追根溯源的話，我們發現在遠古的茫茫大草原上，狼群早就深刻地領悟了奇正互變的思想，並率先把這一思想靈活地運用於牠們的捕獵行動中。

狼群非常擅長夜戰，牠們在夜色的掩護下，神出鬼沒，機動靈活，讓牠們的敵人聞風喪膽，嘗盡了苦頭。

狼群在夜晚發動進攻的時候，一般總是悄無聲息的，讓人畜防不勝防。但在有的時候，比如人畜聚居、很難實施強攻的情況下，狼群就會有意大張旗鼓，四面長嗥，嗥得人畜一片緊張，狗叫與狼嗥交相呼應，響徹雲霄。

這種騷擾戰與當年抗日遊擊隊的「敵駐我擾」戰術如出一轍，擾得牧民們疲憊不堪，到了白天，就沒有精力對付狼群的進攻了。

把奇正互變的思想運用於市場競爭中，就能更加機動靈活地開展商業活動，使競爭對手無法摸清自己的底細，從而牢牢地掌握主動權，有效地擊敗對方。

劉鑾雄是香港證券市場的風雲人物，他的公司「愛美高」上市後，曾受到廣泛的關注。當股價高漲之後，他把自己所持有的股份全部拋出，獲利不菲，但也同時讓他失去了公司董事局主席的職位。

半年後，股價大跌，他又將原有股份從容購回，重新坐到了董事局主席的寶座上。而在這一賣一買之間，他已有上千萬港元的收益到手了。

他放出風聲，說要收購「能達」公司，造出了很大的聲勢，並持有能達公司一定數量的股份，還揚言要派人進駐能達公司董事局。能達公司慌了，急忙以高價在股市爭搶股份，還願意出鉅資來收購他所持有的股份。

他見目的達到，於是見好就收，以高價將自己所持有股份轉讓給能達公司，自己大大賺了一把。

兩年後，他故技重施，把目光盯上了「華置股份」。華置股份是一家實力雄厚的大公司，比他的「愛美高」要強大得多，可是他硬是擺出一副「蛇吞象」的姿態，要把華置股份一口吞下。

許多人都不相信他這是名符其實的收購行為，誤認為他又在虛張聲勢，目的是在股市製造獲利機會。誰料他竟透過私下交易，一舉持有了華置三十五%的股份，成為華置的第一大股東，最終收購成功，使許多人大為震驚。

不久，他又開始了對中煤股份的吸納，人們頓時猜疑起來：這次是真收購，還是假收購？真收購，就要投入二、三十億港元的鉅資，而他是沒有這麼雄厚的實力的。但他偏偏做得不動聲色，不斷地悄悄吸納。

中煤公司這下真坐不住了，急忙在股市中回購自己的股份，造成股價大漲。他笑了，把自己所持有的股份全部拋出，又獲得了可觀的收入。

劉鑾雄對能達、華置、中煤的三次收購行動，就有真有假，真假難辨。當別人認為他是真收購的時候，他卻虛晃一槍，獲利就走；當別人認為他是假收購、意在套現的時候，他卻真槍實幹，收購成功。難怪人們感嘆說：「劉鑾雄的過人之處，就在於不等到大幕落下，你永遠不知道他要幹什麼。」

奇正互變的軍事思想被他運用得如此純熟，難怪他在證券市場上如魚得水、戰無不勝了。讓自己的頭腦時刻充滿奇思異想，出人意料地不斷開展新的行動，人無我有，人有我創，人趕我轉，就能時刻搶佔先機，在市場競爭中獨佔鰲頭。

日本松下公司不像世界上著名的大公司那樣致力於產品的開發，他們認為做技術先驅所要付出的代價太大，因此他們選擇了做技術追隨者的明智做法。

松下公司很少發明新產品，他們寧願花錢購買別人的專利，或是改進別人的產品，變成自己的產品，然後再以低價策略，佔領市場。他們的做法與公認的做法背道而馳，可以算得上是「奇」了。

有一次他們研製出了「國民牌」R－31型收音機，不小心做了一回技術先驅，老闆松下幸之助立刻下令部屬把該產品視作競爭對手的產品，繼續研製戰勝它的新產品。過了不久，R－48型、R–10型、R一一型等新產品就相繼問世了。這又是一「奇」，體現了奇正互變的思想在市場競爭中的靈活運用。

萬通集團董事局主席馮侖對此也有深刻的理解，他反覆強調「在變應變，守正出奇」，希望「守正出奇」能成為萬通集團的良好的價值觀。他響亮地提出：「萬通真的要成功，就是要真的『消滅』馮侖。這就需要我們創造一個制度，這個制度能夠保證它做的事情比我做得更好。」

在「守正出奇」的思想指導下，萬通集團進行了一系列的收購和控股，到一九九七年六月底，已經發展成為擁有數十億人民幣總資產的大公司。

「奇正互變」的思想在市場競爭中大有用武之地，但必須提醒大家注意的是，不管如何「出奇」，都是萬變不離其宗，千萬不能忘了產品品質這個「宗」，千萬不能忘了顧客是上帝這個「宗」。否則的話，一味出奇招、出怪招，嘩眾取寵，丟了「守正」，即使能得逞一時，也是無法在市場競爭中長久地穩操勝券的。

孫寅貴是中國第一台礦泉壺「百龍礦泉壺」的發明者和生產者，他曾經使用各種銷售奇招、怪招，造出了很大的聲勢。按說他是很懂得「奇正互變」的思想的，但好景不長，他很快就在殘酷的礦泉壺競爭中一敗塗地。

事後，他寫了一部《總裁的檢討》，對自己的經營內幕進行了披露，對經營策略的失誤進行了深刻的總結。

他曾指派下屬提著「百龍礦泉壺」的包裝盒招搖過市，以吸引公眾的關注；他還曾派出大隊人馬扮作顧客，到各大商場去詢問「百龍礦泉壺」的銷售情況；他的一名下屬為了證明百龍礦泉壺的神奇效果，居然做出了驚人的舉動，當眾將渾濁的黃浦江水倒入壺裡，然後一飲而盡……

更奇的是，他還在北京電視台導演過一次「假徵婚」活動，假借徵婚的名義來宣傳自己，這大概可以算作他的首創吧。後來此事的內幕被其下屬透露出去，他頓時成了弄虛作假的高手，遭到了廣泛的譴責，北京電視台大為惱怒，斷然拒絕為「百龍礦泉壺」進行任何形式的報送和廣告宣傳，百龍礦泉壺從此開始，一步一步陷入困境。

可見，過分追求出奇制勝，甚至到了走火入魔的地步，使顧客無法信任自己，對自己的商業活動同樣是災難性的。

我們提倡「奇正互變」，是強調在經營活動中靈活地運用各種經營策略，來擴大產品的知名度和本企業的聲譽，因此千萬不可做得過於出格，以免物極必反，喪失了最可寶貴的信譽。

使用謀略、出奇制勝與弄虛作假、不擇手段之間是有嚴格區別的，我們一定要把二者區分

用膽識、汗水打出天下

狼具有頑強的求生本能，牠深深地明白，留得青山在，不怕沒柴燒，只要自己的性命還在，那麼日後就定有大展宏圖的一天。像狼一樣學會保存自己，發展自己，忍辱負重，不斷創新，憑藉自己的膽識、智慧和汗水，在市場競爭中由無到有、由小到大、由弱到強，就能創造出「白手打天下」的商業奇蹟。

在一無所有、一清二白的基礎上，完全憑藉自己的膽識、智慧和汗水，在市場競爭中由無到有、由小變大、逐步發展，直到最終奠定自己不可動搖的行業龍頭地位，創造出商業發展史上的奇蹟，這就是被無數商家所津津樂道、夢寐以求的「白手打天下」。

英國最大的百貨公司馬獅公司是靠數百英鎊發家的，香港針織業大亨陸達權最初賴以生存的本錢僅是區區兩塊元，號稱「橡膠水大王」的葉志成是在四千元的基礎上發展起來的，號稱「百貨大王」的上海永安百貨公司是從一家小水果攤起步的，等等，等等，類似這樣的事例舉不勝舉，都向我們展現著白手打天下的傳奇，描繪著一條條艱難坎坷、卻又輝煌壯觀的創業道路。

白手打天下，說起來容易，做起來卻異常艱難。能夠在風雲變幻的市場中慘澹經營已經相當不易，要想獨樹一幟，脫穎而出，非要有過人的膽識讓你去闖盪，非要有過人的眼光讓你去辨別真偽，非要有過人的智慧讓你指揮若定左右逢源，非要有過人的才能讓你力挽狂瀾死裡求生，非要有過人的體能讓你日夜操勞，把坎坷的創業路踏成坦途。

狼崽被獵人抓獲了，雖說牠在被抓獲之前，仍未睜開眼睛，沒能從母狼那裡學到絲毫生存的本領，但牠卻已具備了頑強的求生本能。

牠拚命地吃，不管是什麼食物，只要送到嘴邊，牠都狼吞虎嚥地吃下去。吃飽了，牠就睡，養足精神，儲存體能。只要有一點兒機會，牠就逃跑，向著安全、自由的地方拚命地跑。

即使是一條小小的狼崽，也能深刻理解這樣的真理：留得青山在，不怕沒柴燒，只要自己的性命還在，那麼日後就定有大展宏圖的一天。

像狼一樣學會保存自己，能夠忍辱負重，胸情遠大理想，不屈不撓，矢志不移，就能把無數挫折和坎坷踏平在腳下，走出一條輝煌的創業之路。

新加坡富商沈望傅是多媒體音效卡的發明者，在電腦發展史上具有相當高的地位。他擁有世界上最大的音響公司，曾兩次榮獲「新加坡最佳商人獎」，在一九九三年的頒獎儀式上，當時的總理李光耀親自向他頒發了金光閃閃的獎盃。他的公司入選世界ＩＴ行業一〇〇家最有影響力的企業之中，並成為新加坡第一家在美國 NASDAQ 證券交易所正式掛牌上市的公司。

沈望傅的事業正如日中天，但是他的成功卻是相當不容易的，他是完全從零起步，憑著自己的智慧和辛勤，白手起家，一步一步創出了自己的事業。

他的家鄉在新加坡武吉鎮，家庭條件很差，僅靠父親一人的薪資收入生活。他的父親在一家工廠當工人，收入很有限，母親不識字，整天在家做家務。

窮人家的孩子早當家，在他三歲的時候，他就開始幫助媽媽幹活做家事了，和媽媽一起餵雞養鴨。少年時候他的最大夢想是當個鋼琴家，每當聽到鄰居家裡那優美的鋼琴旋律，他總要駐足很久，癡癡地想，要是自己也擁有一架鋼琴，那他就是天底下最幸福的人了。

在上中學的時候，他第一次看到了電腦，頓時被電腦中那個繽紛的世界所深深吸引。從此他就有了一個奇妙的幻想，如果能發明一台神奇的電腦，使它能像鋼琴那樣演奏出美妙動聽的樂曲，那該有多好啊。

他從義安工藝學院電子系畢業後，先在一家小廠從事電腦維修的工作，在這段時間裡，他腦裡反覆盤旋著少年時的那個夢想，渴望有朝一日把它親手變成現實。

一九八一年七月，他二十六歲了，不甘心再這麼平平淡淡地過下去，於是借了一萬元（新加坡幣），和兩個朋友一起創辦了一家「創新公司」。

在一間很小的房間裡，三個年輕人日以繼夜地奮戰，苦幹了兩個月，終於製作出了他們的第一台CT電腦。他們興奮極了，就像看著自己剛剛出世的孩子一般，充滿了對未來的美好想像。

但電腦一投入市場，就慘敗而歸。雖說電腦很新穎，既能處理中英文字，又有聲音、圖像，但毛病很多，功能很不穩定，很快就被退了回來。

他再也無法安睡了。他決定下一番苦功夫，反覆調試，反覆改進，使電腦的功能完善起來。含辛茹苦，臥薪嚐膽，兩年後，會說華語、功能穩定的電腦終於被他研製成功了。

產品投入市場，居然供不應求。他喜出望外，在此基礎上，又進行了大膽的改進，於一九八七年推出第一套初級音樂系統和作曲軟體，結果大受歡迎。

在新加坡市場上出盡風頭，他並沒有沾沾自喜，他認為創業的路還很漫長，自己不應有絲毫的鬆懈。他的目光瞄準了遙遠的美國，那裡才是電腦業競爭的世界級大舞台，他要到美國去，讓他的產品造出世界性的聲勢。

一九八八年八月，他獨自一人來到美國三藩市。電腦市場競爭的激烈程度遠遠超出他的想像，但他沒有退縮，他對市場進行了反覆調研，最終決定把自己創新的目標鎖定在遊戲卡上。遊戲卡又叫「聲霸卡」，對那些愛好音樂的電腦迷們很有吸引力，市場前景廣闊。

經過日夜奮戰，一九八九年他的第一款聲霸卡問世了，那逼真的音響效果，給人一種強烈的身臨其境之感。產品剛一投入市場，就立刻被搶購一空。

他立刻再接再厲，推出新款聲霸卡，搶購狂潮再起。隨後他又推出具有二〇複音身歷聲音效的超級聲霸卡，居然創出了銷售最高紀錄。到一九九五年，全世界使用他的聲霸卡的用戶就達到了一千七百萬戶。進入二十一世紀，他的事業又得到了長足的發展。

他白手起家，經過多年的艱辛努力，把自己的名字刻到了電腦發展史上，成為一代風雲人物，被人們譽為「新加坡的比爾·蓋茨」，獲得了巨大的成功。在總結自己白手打天下的經驗時，他說：「創新公司要發展，就一定要創新，我們永遠不會步人家的後塵，要始終走在市場的前面，成為多媒體音效卡的領頭羊。」

事業的成功是需要付出畢生的辛勤努力的，把汗水、心血和智慧都加在一起，全部傾注到自己的企業上來，苦心經營，不斷創新，奮發圖強，那麼總有一天，輝煌的勝利就會把你緊緊擁抱。

居安思危，化解企業潛在危機

狼群絕對不會把黃羊趕盡殺絕，牠們清楚地知道，如果把黃羊殺光了，到了明年，牠們將沒有東西吃。

在頭腦中時刻樹立危機意識，看到企業和市場所面臨的許多潛在問題，就能使自己的企業迴避一系列市場風險，走得更安全、更長久、更輝煌。

海爾集團總裁張瑞敏經常用這句話來告誡自己的部屬：

「要牢牢記住，海爾離垮台永遠只有一步。」

海爾集團在當今的中國，事業正如日中天，而張瑞敏卻及時地發出了這樣的警告，表現出了一個領導者罕見的遠見卓識和居安思危的可貴品質。

在我國幾千年的歷史上，我們一再看到這樣的現象：每個開國皇帝都殫精竭慮，操持政務，國家一派欣欣向榮的景象，但好景不長，到了他的後代（最多三代人）手裡，繼位者無不安享榮華富貴，把祖宗創業的艱難一下子全拋到九霄雲外，很快就把朝政搞得烏煙瘴氣，國破家亡。

歷史的教訓是慘痛的，缺乏「居安思危」意識的人是註定要失敗的，不管是在國家管理上，還是在企業經營中，都無一例外。

狼群絕對不會把黃羊趕盡殺絕，牠們清楚地知道，如果把黃羊殺光、殺絕了，到了明年，牠們將沒有東西吃。

嚴寒的冬天是狼群最難熬的日子，為度過嚴冬，狼群往往要提前儲藏一些肉食，作為牠們的救命糧食。

狼群尚且具有居安思危的意識，懂得竭澤而漁的災難性後果，而我們人類呢，在許多時候反而認識不到這一點，做得沒有狼群好，實在令人慚愧之極。

鮑勃·哈斯是牛仔褲的設計者，他創辦了世界牛仔褲生產王國李維斯（Levis）公司，長期領導世界服裝潮流，使公司呈現出一派蒸蒸日上、如日中天的繁榮景象。

但在形勢一派大好之際，他卻不切實際地提出「革新理念」，試圖更多地考慮社會價值。他異想天開地認為這樣的公司將會比那些以經濟效益為主的公司更有發展前途。

在他的大力宣導下，公司職員們每天都在忙於探討諸如家庭、種族之類的社會性問題，把社會價值、倫理道德凌駕於公司的正常經營之上，彷彿置身於激烈的市場競爭之外，把許多大好的發展機會都白白錯過了。

儘管他的出發點是好的，但由於他的一系列規定過於極端，就相應地助長了公司的文山會海，形成了嚴重的官僚作風，固步自封，自以為是，嚴重脫離了實際。

在他的革新理念影響下，公司的經營狀況越來越糟，但要命的是，他卻毫無察覺，自以為正在進行一場偉大的社會革命呢。

一九九七年李維斯公司因為經營狀況不佳，不得不關閉了設在歐美的二十九家工廠，裁員一．六萬人。到了一九九八年，情況變得更加惡劣，銷售額又下滑了十三%。

在李維斯公司節節敗退之際，它的主要競爭對手蓋普公司卻趁機加強了攻勢，奪取了許多市場。據統計，李維斯公司的市場價值由高峰時的一四〇億美元，迅速下滑到了八十億美元，而蓋普公司的市場價值卻由原來的七十億美元，猛增到了四〇〇億美元。

如果企業缺乏危機意識，就會完全忽視本應及早解決的問題，而任由問題長期存在，愈演愈烈，直至無法收拾，釀成慘禍。這方面的教訓是很多的，我們一定要謹記在心。

美國賓州三哩島核電廠曾經發生過嚴重的洩露事故，輻射線外泄，污染了大片土地，核電廠主機必須大修，進行徹底清理，需要耗費鉅資十億美元，歷經十年時間才能完成。

事後追究責任，才發現這完全是企業領導者（主管）缺乏危機意識才導致的。在此之前的十三個月，就有一位高級工程師向主管發出了嚴重的警告，指出操作員違規操作，險些造成事故，但卻被主管置之不理。事故發生後，該電廠對操作員進行了一次嚴格的安全操作測試，竟然發現有三分之一的人不及格。再進一步調查，事實更加令人吃驚，這些人中竟有相當一些人是憑著關係才混進來的。

沒有居安思危的意識，整個企業就會如此地麻木，即使自己已經坐在了火山口上，還能安然地做著美夢，自以為天下太平呢。

在腦中時刻樹立危機意識，看到企業和市場所面臨的潛在問題，時刻提高警惕，就能使自己的企業迴避一系列市場風險，走得更安全、更長久，還能使自己時刻保持旺盛的鬥志，把滿足、懈怠、停滯之類的惡習徹底拋開，不斷努力，矢志開拓，去爭取更大的成功。

海爾集團在中國內需市場上已經取得了空前的成功，但張瑞敏並沒有因此沾沾自喜，也沒有居功自傲，而是響亮地提出「海爾的國際化」的口號，大膽走出國門，到美國南卡羅蘭納州開設工廠，並成立了美國海爾貿易有限責任公司，使這個美國本土化的海爾成為他的得意之作。

他還以年薪二十五萬美元的重金聘請一個美國人擔任行銷中心總經理，以便使海爾更快地在美國紮根生長，達到徹底的美國本土化，並力爭美國海爾在比較短的時間內上市，做到在當地融資、融智。

自張瑞敏來到海爾之後，海爾就沒有停下前進的腳步，幾乎以七年一個階段的速度在神奇地發展著。一九八四年至一九九一年是實施「名牌戰略」，一九九二年至一九九八年是實施「多元化經營」，一九九九年至今是走上了「國際化」的寬闊舞台。

張瑞敏說：「這就像比賽一樣，人家不會等你去練習，你跑不過來，就是失敗者。人家在多少年內完成的事情，你要用很短的時間去完成它。」

這段話說得多好啊，既充滿了居安思危的憂患意識，又展現著勇於進取的強者雄姿，是中國當代優秀企業家的鄭重宣言，表達了中華民族崛起的膽識和決心。

與張瑞敏相類似，一大批優秀企業家都具有這種可貴的居安思危意識。美菱集團總經理張巨聲在一段時間裡，就常常做一個噩夢，夢見美菱冰箱嚴重積壓，堆滿了倉庫、通道、街巷、廣場，讓他驚出了一身冷汗。他對廠裡的職工們說，如果大家都能經常做這樣的噩夢，人人都有了危機意識，那麼企業就會繁榮昌盛了。

基於此，他特別在廠裡建立了一套危機意識管理體系，制訂了一系列科學的危機預防及應變措施。上個世紀九十年代，中國冰箱業陷入嚴重的經營危機，張巨聲勇於面對挑戰，毅然推出新一代大冷凍室冰箱一八一型，改變了企業的不利處境，一九九四年，美菱冰箱就由原來的第二十七位一躍而成全國第一。

居安思危，利在長遠，擁有了可貴的危機意識，就能及早解決企業潛在的許多問題，提前規避和化解市場中的經營風險，使自己的企業在市場競爭中成為堅不可摧的堡壘。

第四章　狼勇：以命相拚，奮勇爭先

第四章 狼勇：以命相拚，奮勇爭先

狼在戰鬥中是十分勇猛的，每隻狼都會拿出以命相拚的狠勁，奮不顧身地去廝殺，哪怕與對手拚得兩敗俱傷，犧牲了自己的性命，也要保證狼群作戰的勝利。

市場競爭是十分險惡的，面對著無數的艱難險阻和陰謀詭計，只有像狼一樣奮勇爭先，以大無畏的氣概，獨當一面，堅持到底，才能取得競爭的勝利。

要有犧牲精神，要韌性戰鬥、永遠進取，要對市場保持長久的嗜性，要懂得以小利換大利的技巧。在市場競爭中的每時每刻，都要昂揚著無限的勇氣，豪氣如虹，縱橫馳騁。

兩強相遇，勇者勝─以氣勢迫人

在獵狗的包圍圈裡，狼群抱團死戰，背靠背，尾靠尾，狼牙一致向外，以頑強的勇氣戰鬥不息。雖說不斷有狼倒下，但狼群卻毫不退縮，以命相拚，奮勇廝殺。

市場不相信眼淚，市場競爭與懦夫無緣。在強大的對手面前，必須拿出狼群以命相拚的勇氣，大無畏地迎接他，奮不顧身地戰勝他，才能搶佔市場中的制高點。

市場競爭如同逆水行舟，不進則退，如果對手搶佔了市場，我們就會失去立身之地。在與對手生死相拚的過程中，我們必須拿出驚人的勇氣，以戰鬥的姿態，一往無前地去奪取勝利。

俗話說說：「兩強相遇，勇者勝。」在市場競爭中，與對手的遭遇戰時常出現，如果我們膽怯了、退縮了，就會一敗塗地，把市場拱手讓給對手；只有採取堅決果敢的行動，投入全部的人力、物力、財力，勇敢地拚爭到底，才能戰勝對手，搶佔市場中的有力制高點。

在發動總攻擊之前，狼群很快就進入了戰鬥狀態。無論是狼王，還是巨狼、大狼、小狼，都無不精神抖擻，目光如刀，閃耀著凶傲之氣，做出一副準備拚殺的架勢，令敵手毛骨悚然、未戰先驚。

在獵人的包圍圈裡，狼群顯得更加瘋狂，牠們用拚命的架勢，不顧血肉之軀，狂野地衝進狗陣中，把獵狗撞倒了一大片。只見獸毛到處飄飛，狗血和狼血到處飛濺，狗叫狼嗥混成一片，整個場面血腥恐怖，令人瞠目結舌。

獵狗越聚越多，狼群採取抱團死戰的辦法，背靠背，尾靠尾，狼牙一致向外，與獵狗拚死作戰。雖說不斷有狼倒下，但狼群卻毫不退縮，以頑強的勇氣戰鬥不息。

狼群在戰鬥中的勇猛和兇狠，是牠們戰勝一切對手的決定性力量，在牠們的勇氣和膽識面前，草原上的一切對手都會紛紛敗退。商場如戰場，雖然看不見實際的硝煙拔地而起的場景，但市場中的每一個人都異常真實地感受到競爭的殘酷與激烈。

市場不相信眼淚，市場競爭是與懦夫無緣的。在強大的對手面前，拿出狼以命相拚的勇氣，大無畏地迎接他，奮不顧身地戰勝他，就能走出一條可歌可泣的創業之路。

一九九九年十一月，英國大東電報局做出了一項重大決策，決定把其控股的香港電訊公司出售給新加坡電信公司，從香港市場撤退，然後集中精力，把歐洲互聯網的生意做大。

消息傳出，整個香港都被震動了。許多香港市民都是香港電訊公司的用戶，持有該公司的股票。盈科公司總裁李澤楷更是激動萬分，他對該公司相當瞭解，知道它是一隻老牌績優股，股本達一二〇多億，每年的收益都在一〇〇億港元以上。如果把該公司收歸自己旗下，必將對公司的發展產生極其重要的影響。

李澤楷急忙坐飛機趕到倫敦，要求與大東電報局的高層領導人會面，商談收購事宜。但大東電報局對他並不熱情，只派出一名執行董事和他相商。

眼看大東與新加坡電信的正式協定即將達成，李澤楷心急如焚，過了不久，又再赴倫敦，與大東高層就收購一事進行商談。但大東對他並無興趣，只是禮貌性地接待了他。

形勢危急，他斷然決定，立刻宣佈對香港電訊進行收購。二〇〇〇年二月，這條爆炸性的消息被媒體廣泛報導，香港市民又一次被震動了。

接著，他率領部屬直奔新加坡，與新加坡電信進行協商，希望雙方能夠合作收購。但新加坡電信卻無此誠意，故意提出了一系列極其苛刻的條件。

李澤楷無功而返，陷入焦慮之中。怎麼辦？難道就這樣把大好的機會放過了嗎？他深知香港電訊對自己公司的重要意義，如果把香港電訊收歸自己所有，那麼自己就將同時兼具互聯網內容供應商和線聯網供應商的雙重身份，成為當之無愧的互聯網鉅頭。

兩強相遇勇者勝，拚了！他毅然下了決心，宣佈自己將單方面對香港電訊進行收購，於是緊張激烈的收購大戰就此展開。

大東提出一百多億美元的收購天價，李澤楷知難而上，在很短的時間裡，就把這筆鉅款籌齊了，他搶在新加坡電信之前，搶先與大東簽署了收購協定。

在他的強大攻勢面前，新加坡電信只好宣佈放棄。他最終取得了決定性的勝利。

強大的競爭對手是自己的敵人，必須用一往無前的精神，英勇果斷地戰勝他；與此相類似的是，在前進道路上出現的困難也是貌似強大的敵人，同樣必須拿出以命相拚的精神，堅決頑強地克服它。

要想在市場競爭中給自己爭得較好的立身之地，就必須選擇一個別人無力參與、不敢參與的行業，努力去幹，一往無前地去取得成功。

泰國人楊海泉建立了世界上規模最大的鱷魚王國，他那頂「鱷魚大王」的桂冠，直到今天還沒有人有膽量去摘取。

雖說鱷魚渾身都是寶，但卻兇殘、醜陋，人們避之唯恐不及，誰還敢冒著生命危險，去幹養鱷魚這樣的事情？但楊海泉偏偏不信這個邪，他不僅去幹了，而且還幹得有聲有色。

最初他開了一家雜貨店，但卻很不景氣。當他發現鱷魚皮的售價十分高昂時，他心中一動，何不去養鱷魚呢？養成了，不就能賺到大筆的錢了嗎？

他用很低的價錢買了一批幼鱷回來，但在飼養的過程中卻遇到了一系列想都不可能想到的難題。家裡太窮了，他買不起足夠的食物，無奈之下，他就含淚宰殺一批，把鱷魚皮售出後，換回資金，再繼續飼養。

飼養鱷魚是一件前所未有的事業，親朋好友對此大加反對，給他的飼養增加了不少困難，但他毅然決然，頂住強大的壓力，堅持了下來。

把幼鱷養大，再宰殺出售，雖說很辛苦，但畢竟還是取得了成功。他並沒有滿足，決定更進一步，對鱷魚實施人工繁殖。

他投入鉅資，買下了曼谷北郊的漁港北欖，興建起了他的鱷魚王國，進行人工繁殖的實驗，形成了世界上規模最大的人工養鱷湖。他的專業化養鱷實驗在全世界引起了轟動，一九七三年國際保鱷會議破例移到這裡舉行，他因自己的突出貢獻，而被載入史冊，流芳百世。

在當時，世界上雖有不少的獵鱷專家，但養鱷專家卻獨此一家，別無他處。他用罕見的勇氣和膽識，開創了前所未有的成功事業。

在此基礎上，他又把養鱷業和旅遊觀光巧妙地結合了起來，把他的鱷魚王國向全世界開放，滾滾的財富隨之而來。

做一件前無古人的事業，所面對的困難是強大的，但只要我們拿出更加強大的勇氣，發揚「兩強相遇勇者勝」的精神，那麼又有什麼困難不能戰勝呢？又有什麼成果不能取得呢？

保持對成功旺盛的饑餓感

狼吃飯就像打仗，速度很快，狼吞虎嚥，好像餓了很久一樣，就是因為牠牢牢記住了饑餓的滋味，刻骨銘心。

在市場競爭中使自己像狼一樣保持饑餓感，就能對各式各樣的經營活動都產生強烈的胃口，永不滿足，不斷進取，去奪取一個又一個勝利。

狼的胃口極好，不管什麼獵物，都能連骨帶肉吞下，吞得乾乾淨淨。狼在吃東西的時候總是狼吞虎嚥，好像餓了很久一樣，因此人們常把狼形容為「餓狼」。

如果把剛出生的狼崽和狗崽一起放到母狗身邊，讓母狗來餵養，那麼遺傳有「餓狼」基因的狼崽就會野蠻地把狗崽趕到一邊去，自己把母狗的所有乳頭都霸佔了，猛吃猛喝起來。

狼在吃東西的時候，是六親不認的，不管是誰，只要走近牠的食物，牠都會兇相畢露，準備以死相拚。狼吃飯就像打仗，速度很快，就是因為牠牢牢記住了饑餓的滋味，刻骨銘心，哪怕吃得再飽，也無法忘記。

饑餓感是一種實實在在的生理感覺，成為狼採取一系列勇猛行動的強大動力。在市場競爭中使自己經常性地保持饑餓感，就能對各式各樣的經營活動都產生強烈的慾望，徹底消除自己身上所殘存的惰性，不斷進取，去開拓全新的市場領域。

雷蒙·克羅克是個美國商人，他做過許多工作，賣過許多商品，包括樂器、紙杯、飲料攪拌機等，五花八門，雖也賺了一些錢，但收益一直不大，他覺得很不滿足。

一九五四年，他已經五十二歲了，這天，他有事從芝加哥來到了洛杉磯。路過一家麥當勞速食店時，他驚訝地發現在店外居然排起了長長的隊伍。

那家店儘管十分簡陋，但卻並不影響它的生意興隆。他也排進隊伍之中，買了漢堡、薯條吃了起來。果然味道很好，收費又便宜，既好吃又衛生。

他被觸動了，他想如果把這樣的速食店開遍全美國，該會賺到多少錢啊，這不正是他夢寐以求的生意嗎？他立刻找到店主麥克、迪克兄弟，建議他們在全國多開幾家連鎖店，但兄弟兩人對此興趣不大。

於是他就提出了另一個建議，希望兄弟兩人把在美國各地開設麥當勞連鎖店的特許權交給他，由他來進行具體的經營，賺了錢，給兄弟兩人分紅。兄弟兩人同意了。

他返回芝加哥，把自己的計畫一說，誰知卻招來諸親朋好友的一致反對。他們認為放棄原來的生意，轉向不熟悉的飲食業，顯然是太衝動了，而且他已經五十多歲了，沒有必要再如此冒險。

但他堅持自己的意見，義無反顧地去做這件事情。他對市場經營一直保持著強烈的饑餓感，總想「吃」得更多一些，更飽一些，現在大好的「食品」就擺在面前，他有什麼理由退縮呢？

他立刻把全部精力都投入到第一家速食店的籌建之中。很快，他就遇到了一個頭疼的問題，他按照兄弟兩人教的方法來做炸薯條，但無論怎麼做，口味、質地都不佳。他向兄弟兩人請教，但仍舊無法解決問題。於是他又去拜訪馬鈴薯協會的專家，在他們的指導下，對製作過程給予了重新摸索，才終於炸出了理想的薯條。

一九五五年四月十五日，第一家麥當勞速食店終於開業了，一傳十，十傳百，一時間，成千上萬的顧客紛紛湧來，他的生意大發利市。初戰告捷，他乘勝追擊，又繼續開了第二家、第三家……

經過三十年的努力，他在全球四十多個國家開設了一萬多家連鎖速食店，開創了令人羨慕的麥當勞王國。

在市場上時刻保持旺盛的饑餓感，自己就會不斷地採取行動。但僅有饑餓感又是遠遠不夠的，作為一名成功的商人，還必須要有較好的消化功能，不僅能吃得下，而且還能在較短的時間裡，把它化為自己的東西，轉變成自己前進的強大力量。

道彌爾被美國企業界譽為「神奇的巫師」，他具有化腐朽為神奇的特殊能力，把一個個瀕臨破產的企業從死亡的邊緣挽救了過來，使它們起死回生，重新煥發了活力。

他的經營之道和別人大不相同，他把目光瞄準那些即將倒閉的企業，用不多的資金收購過來，然後再充分利用原有的各種資源，進行大膽的改革，使這些企業重新走上正常的經營軌道，他也因此成為億萬富翁。

第一家被他收購的工廠是一家工藝品製造廠，他乘人之危，很輕易地就收購成功。他與廠方達成協議，如果能夠扭虧為盈，那麼他將佔有贏利的九十％。

他緊緊抓住生產和銷售兩大基本環節，進行大規模的整改。透過減員加薪、提高效率、降低成本等措施，使產品品質大幅度地提高。他把原先的低價推銷制度改為行銷制度，進一步提高了售後服務的品質，使產品的知名度不斷提升。

一年時間還不到，工廠就已完全變樣，實現了扭虧為盈。隨後，工廠在他的大力經營下，生產和銷售都呈現出一派生機勃勃的局面，取得了很好的經濟效益。

幾年後，他又把目光盯在了一家玩具廠上。這同樣是一家停工多時、朝不保夕的企業，他又用很少的錢收購了過來，然後進行調查研究，確定整改策略，一方面大力調整產品結構，努力開發新產品，另一方面果斷實施精兵簡政，壓縮開支，提高員工的素質，提高工作效率。

過了不久，這家企業就是一派生機，經濟效益穩步提高，他又為自己賺取了可觀的收益。

為什麼他對這些瀕臨倒閉的企業如此感興趣呢？原來他發現這些企業雖已陷入困境，但還保留著一副完整的軀殼可以利用，總比他白手起家所要承擔的風險要小得多。他一針見血地指出：「別人經營失敗了，接過來就容易找到它失敗的原因，只要把造成失敗的缺點和失誤找出來，並加以糾正，就會得到轉機，也就會重新賺錢。這比自己從頭幹起要省力得多。」

他胸懷大志，為熟悉市場，曾不斷地「跳槽」，創造過在一年半時間裡連續更換十五次工作的紀錄。在頻繁的市場經營中，他磨練了自己的商業頭腦，熟悉了市場競爭的每一個環節，能很快察覺倒閉企業的一切癥結，為他對症下藥、妙手回春打下了良好的基礎。

他永不滿足，不斷進取，像狼一樣永遠保持一副好的胃口。他在經營的過程中敢於真抓實幹，革除一切陳規陋習。他嘔心瀝血，兢兢業業，有一次竟連續工作三十六個小時，以艱辛的勞動，收穫了豐碩的勝利果實。

對市場缺乏饑餓感的人不會採取任何行動，也就不會獲得任何成功的機會。在市場競爭中做一匹餓狼吧，你就會在不斷行動中，迎來一個又一個輝煌。

犧牲小利以取大利—偷雞也得蝕把米

狼在戰鬥中十分兇狠，牠們故意把身體的非要害部位暴露給獵狗，獵狗一口咬住，牠們卻置之不理，趁機狠咬獵狗的咽喉和肚子。要勝利，就必須有所犧牲，在市場經營中也是如此，不付出任何代價的無本經營是不可能的，精明的商家就一再做出讓利的舉動，讓出了小利，收穫了大利，鉅額財富就會如不盡江河，滾滾而來。

俗話說：「捨不得孩子套不住狼」；古人說：「若要取之，必先予之。」表達的方式雖有不同，但含義卻是完全一致的，就是說要想得到更大的利益，就必須先給對方一點甜頭，引誘對方上鉤。

在「三十六計」中有一計叫做「拋磚引玉」，就是這一策略在戰爭中的靈活運用。在激烈的商戰中，要想更快地脫穎而出，把鉅額財富賺到手中，也必須深刻地領悟這一策略的精髓。

狼群在與獵狗的激烈搏殺中，把拚命死戰的勇氣表現得淋漓盡致。牠們出口很快，一旦咬中獵狗，就必定咬下一大片骨肉。

有些大狼更是兇狠，牠們故意把身體的不屬要害的地方暴露給獵狗，獵狗一口咬住，牠們卻對傷口置之不理，趁機狠咬獵狗的咽喉和肚子。

大狼雖被咬得鮮血淋漓，但仍繼續頑強地戰鬥。獵狗卻被大狼的這種玩命打法嚇壞了，倒地的獵狗更是不斷哭嚎，使其他獵狗逐漸膽怯起來。

以小利換大利的作戰原則，是狼傳給我們的又一勝利法寶。把較小的利益犧牲了，來換取更大的勝利，在戰場上、商場上都曾得到反覆地運用。

這是以小搏大的遊戲，使用得巧妙，就會收到一本萬利的奇效，但如果使用不當，也有可能賠了夫人又折兵。

這些年來，大中小型商場都常常實施「購物回饋」的銷售策略，在這種手法最初出現的那些年頭，確實吸引了無數的顧客前來購買，得到了很好的經濟效益。但隨著這一策略的一再使用，人們的新鮮感漸漸消失，消費的理智性逐漸增強，所收到的效果也就越來越差了。

與此相類似的還有集點彩券、紅利彩券等，在最初推出轎車、住房之類的大獎之時，人們趨之若鶩，銷售現場人山人海，但隨著這種策略的一再使用，人們對獲得大獎的希望越發失望，銷售狀況也就一次不如一次了。

這些都是以小利謀大利的市場表現，都曾收到過很好的經營效果。但把這一手段多次機械地反覆使用，就會被別人識破你的真正用心，大家就不會上鉤了，所希望的效果就不會出現。

以優惠價、全市最低價、大拍賣、有獎銷售等方式進行「讓利」，來吸引消費者，是一個高明的行銷策略，但我們常常發現，不同的商家使用之後，效果卻有很大的不同，原因到底在哪裡呢？

我們認為，首先是時機的把握。當市場上出現市道疲弱、銷售下降的不利情況時，只有給予極強的外部刺激，才能把消費者的欲望調動起來。當你發現這一狀況的時候，還必須先人一步，採取行動，才能獲得較大的收穫。否則的話，每天都在搞「特價銷售」，每天也都是收益平平。

其次還要表現得十分真誠，讓顧客覺得是在實實在在地讓利。比如有的商店打出「全市最低價」的口號，還公開承諾如果別家的商品低於自己的售價，將按差價的五倍給予顧客賠償，並且還及時兌現，讓顧客感受到真實的實惠，自然會顧客盈門；而另一家商店卻打出「揮淚大拍賣」、「跳樓價」之類的口號，雖把自己的境況描述得慘不忍睹，可是顧客卻發現，過了兩三個月了，它仍在「揮淚」不止、「跳樓」不止，顧客就會對它抱以譏諷的微笑，再也不會光顧了。

最後要強調的是讓利的方式。方式自然是多種多樣的，但卻必須新穎，讓消費者感受到極強的誘惑力。那種一而再、再而三使用同一手段的商家，暴露的只是自己的愚蠢和經營頭腦的缺乏。

在飲食行業，還流行著一種「試吃」的經營方式。台北聖瑪莉麵包店和卡莎米亞麵包店，在麵包業不景氣的情況面前，率先使用「試吃」的方式來進行促銷，生意一下子就好轉了起來。

卡莎米亞麵包店在新產品剛剛上市時，就及時搭配「試吃」活動。由於一些食品採用的是不透明包裝，消費者無法看到裡面的內容，讓他們來試吃，就使他們真切地感受到了麵包的美味，增強了他們的購買慾。

聖瑪莉麵包店對此的感觸更深，他們認為用這種方式推銷新食品，業績就能激增五六倍，產品就能很快透過消費者的傳播，達到家喻戶曉的程度。

台灣味一食品公司在採取這種方式後，收到了很好的效益，他們立刻決定，在香港開設首家「試吃」分店，推廣自己的新產品。經過一段時間的經營，生意顯得十分興旺。那些來試吃的顧客，一般總要買一些食品回去，不然的話，就會覺得心裡過意不去。

賀希哈在證券市場上賺取了可觀的收益，成為華爾街的風雲人物。這天，有個叫裘賓的人前來拜訪，告訴他在加拿大的瞎河西北地方儲藏著豐富的鈾礦，但由於雨、雪、硫磺、磷等物質將地面的放射性物質洗濾掉了，因此地質學家多次探測，都認為含量微不足道，不值得開採。

裘賓在這一地區做過多年的研究，對自己的結論堅信不疑，他相信鈾礦一定深埋在地下，只要進行實際的鑽探試驗，就能證實他的結論。但遺憾的是，他找過多家公司，卻無人相信他，不肯為此進行投資。

賀希哈靜靜地聽完，當即決定投資三萬美元，對該地區的鈾礦儲藏量進行鑽探實驗。他想，如果儲藏量真的十分豐富，他就會財源滾滾而來；即使萬一運氣不佳，毫無收益，他也不過損失了三萬美元，對他來說這實在算不了什麼，尤其是和那筆鉅大的收益相比，更是九牛一毛。以小利謀大利，這筆投資值得做！

過了不久，鑽探實驗的結果出來了，在五十六件樣品中，竟有五十件含有鈾，這說明這一地區鈾的儲藏量豐富得超出所有人的想像。

賀希哈大喜，立刻向加拿大政府申請了當地四七〇平方英里的採礦權，同時選派一大批技術員和工人，即刻趕赴現場，投入了緊鑼密鼓的開採工作中。第二年的十一月，他的鈾礦終於開採出來了，美國前國務卿艾奇遜專程打來長途電話，向他表示祝賀。

對這次投資行動，他十分滿意，言語間流露著萬分的得意，他說：「我拿了區區三萬美元開了個頭，而現在那個地區的財富已有四十億甚至可能有八十億美元了。到明年年底，將有二萬人在此謀生。」

無本經營是不可能的，但一本萬利卻是完全可以做到的。讓出了小利，收穫了大利，商家的精明就在這個過程中體現得淋漓盡致。不懂此道的人斷難在商場中立足，只有讓利讓出一片真誠，才能把不盡的財富盡攬手中。

犧牲是為換得更大的成就

狼像發瘋一般，縱身躍起，用銳利的長牙死死咬住馬身上的皮肉，懸掛在馬身的一側，不顧馬蹄的踢傷，硬是把馬開膛破肚。

這種自殺式的攻擊手段，把狼的自我犧牲精神展露無遺。在商業經營中，為了取得事業的成功，我們常常要做出許多犧牲，有時甚至還要用自我傷害的辦法來實施「苦肉計」，以收到更好的經營效果。

在工作中要想做出一定的成績，就必須付出比別人多得多的時間、汗水和心血，當別人在悠閒地休息時，我們卻仍在辛勤地工作著。但，付出總有回報，最終我們的收益總會遠遠大於那些無所事事者。在商業經營中也是如此，要想取得事業的成功，不全力以赴是不可能的。把更多的精力和智慧都用在了經營上，在別的方面必定要有所犧牲。

天下沒有白吃的宴席，犧牲了娛樂時間、休息時間，犧牲了大量的人力物力，但卻能換來一個實力雄厚的企業，成為自己輝煌事業的見證，那該是多麼令人鼓舞的事情啊。

商場如戰場，但卻並不等同於戰場，在絕大多數時候都不用犧牲寶貴的生命、付出淋漓的鮮血，殘酷的程度還是與戰場有很大不同的，與狼的生死拚殺也相去甚遠。

在狼群對馬群的攻殺中，由於馬的身材很高大，奔跑時速度又很快，因此要想有效地攻擊得手，是很不容易的。

為了戰鬥的勝利，狼群不惜以命相拚，展開了極其慘烈的自殺式攻擊。幾條大狼像發瘋一般，縱身躍起，用銳利的長牙死死咬住馬身上的皮肉。

馬仍在疾馳，狼就用全身的重量懸掛在馬身的一側。有的狼就以這樣的姿勢，被馬蹄踢得筋斷骨裂，悲慘地死去。但也有不少的馬，硬是被狼用這種方式開膛破肚弄得肚破腸流，流淌一地，成了狼的獵物。

為了整個戰鬥的勝利，狼不惜以身殉職，用自殺式的攻擊來摧毀馬的防線。

在商業經營中，為了取得事業的成功，不僅自己會做出不小的犧牲，就是自己的家人，也要跟著犧牲許多東西。

御木本幸吉是對珍珠成功進行人工培育的第一人，他透過自己不間斷的努力，終於實現了自己的夢想：「把珍珠掛在全世界女人的脖子上。」

他的珍珠廠越辦越大，在世界各地都產生了廣泛的影響，不僅徹底改變了自己原來的窮困面貌，而且還成了家產億萬的大富豪。

他從小家裡就很窮，逼得他不得不想盡辦法，來擺脫貧困。他看到許多女人都喜歡佩戴珍珠，於是就想做珍珠生意。但是天然的珍珠很不容易得到，那麼能不能透過人工培育的辦法，來獲得更多的珍珠呢？

一八九〇年，他專程拜訪了東京帝國大學教授箕作佳吉博士，博士對他的想法給予了大力支持，並帶他去參觀自己位於三清半島的海產養殖場。他感動得跪在博士面前，求博士收下他這個學生。參觀回來後，他把家裡所有的錢都拿出來，還向親朋好友借了一些錢，來到相島，開闢了兩個養殖場。

當時雖已有人開始進行人工培育珍珠的實驗，但卻並沒有成功的先例。一隻小貝長大就要三四年，然後才能作為母貝，在裡面植入異物，再等四年，才會有結果。然而結果又會是什麼呢？是成功還是失敗？誰都無法保證，大量的錢財和至少八年的時間卻已經耗了進去。

他帶著幾個工人在養殖場日夜忙碌，妻子在家照顧全家老小。他的父親體弱多病，孩子又小，家裡還有一大家子人，壓在妻子肩上的擔子十分沉重。每當有人前來向他描述妻子勞碌的情景，他都兩眼含淚，滿懷感激，但他卻無法分身回去看一看妻子，看一看全家。

不幸的事情發生了，海裡泛起了赤潮，一個養殖場的幾千隻母貝毀於一旦。萬幸的是，另一個養殖場完好無損。這一年春節他沒有回家，他要抓緊時間，繼續進行實驗。

妻子寫信給了他堅定的支持，並專程前來看望他，鼓勵他，幫助他，因為這時候他已經窮得連工人的薪資都付不起了。

經過艱辛的努力，一八九三年七月十一日，世界上第一顆人工培育的珍珠終於問世了。這一消息透過報紙傳遍了全世界，許多人紛紛前來和他洽談合作事宜，他的處境得到了極大的改善。然而第一顆珍珠卻並不完美，是一顆半圓形的。他繼續進行實驗，決心培育出更完美的珍珠來。

實驗正在緊張的進行之中，災難卻突如其來地降臨了。他的妻子突然得了急症，不治而亡。他悲痛之極，常常在夢中叫著妻子的名字，哭醒過來。從此他終生未曾再娶，直到九十六歲時去世。

他向政府申請了專利，並開了一家珍珠店，繼續潛心研究。功夫不負苦心人，在他四十八歲那年，他終於培育出了圓圓的珍珠，和天然的珍珠一樣漂亮。

明治天皇聞訊，親自接見了他。世界各地的珠寶商人紛紛前來訂購，他在世界各地開設了許多珍珠店，財富滾滾而來，他終於成了真正的億萬富翁。

他永遠忘不了妻子在這個過程中所做出的巨大犧牲，在妻子的靈位前，他把自己的每一個成功都一五一十地講給妻子聽，似乎妻子仍像以往那樣，默默地分擔著他的痛苦，也分享著他的歡樂。

「有志者事竟成，破釜沉舟，百二秦關終屬楚；苦心人天不負，臥薪嚐膽，三千越甲可吞吳。」以可貴的犧牲精神來幹事業，事業豈有不成功之理？

「苦肉計」是「三十六計」中的一計，意思是說用自我傷害的辦法來矇騙對方，以達到自己的目的。我國歷史上記載最早的苦肉計當屬戰國時期的「要離斷臂刺慶忌」，而最著名的苦肉計卻是三國時期的「周瑜打黃蓋」－黃蓋甘願接受軍棍的毒打，再去詐降曹操，為赤壁大戰的勝利做出了重大的貢獻。

在企業管理中，不少領導者都會率先拿自己開刀，「從我罰起」，來達到嚴明紀律、激勵士氣的目的。在工作失誤面前，決不推卸自己應負的責任，實施「苦肉計」，為員工們樹立一個良好的榜樣，就能使整個企業萬眾一心，形成團結一致的高度凝聚力。

在激烈的商戰中，以犧牲自己的方式來實施苦肉計，也是一種常見的策略。表面上看對自己的某一部分造成了一定程度的傷害，但事實上卻獲得了遠高於此的收益。

有一個叫佐佐木的日本人到丹麥去旅遊，非常不幸的是，他遭遇了一場車禍，撞到了丹麥一家最著名的啤酒廠的總裁的汽車上，一條腿被撞斷了。啤酒廠總裁很過意不去，把他送入醫院治療，然後又接受他的請求，安排他在廠裡當了一名門衛。

雖說他腿有殘疾，但對工作卻毫不馬虎。他還喜歡和員工們聊天，與員工們相處得非常融洽，廠裡許多人甚至包括一些高級職員，都常來門衛室和他談論廠裡的一些情況。

三年很快過去了，他把廠裡最為保密的啤酒釀造技術都全盤掌握了，然後辭職回到日本，開了一家啤酒廠，很快就發展起來，發了一筆大財。

為了企業的發展和事業的進步，我們一定要有勇於犧牲的精神，才能一往無前，披荊斬棘，在激烈競爭的市場中去奪取輝煌的勝利。

勇於獨當一面──面對市場主動挑戰

每一條狼都是獨當一面的好手，各自擔負著不同方向的戰鬥任務，以一當百，奮勇爭先，把面前的對手殺得狼狽逃竄。

在市場競爭中，必須要有獨當一面的勇氣，去做別人不敢幹的事情；要有獨當一面的才能，去把握轉瞬即逝的市場機會；要有獨當一面的意識，向自己的惰性和極限挑戰，不斷開創出嶄新的工作局面。

每一個企業都是由許多職能部門組成的，這些部門各自擔負著不同的任務，從不同的途徑、用不同的方式為企業的發展做著貢獻。每個部門的負責人都必須是獨當一面的高手，能夠根據企業的發展規劃，獨立自主地開展工作，做出卓有成效的業績，有力地促進企業的整體進步。

我們常說：「火車跑得快，全靠車頭帶。」獨當一面的領導人就是那個動力十足的火車頭，想在前面，走在前面，銳意進取，真抓實幹，成為本部門的中堅力量。

狼群中的每一條狼都是獨當一面的好手，平時牠們各自為戰，尋找時機，捕獲獵物，填飽自己的肚子；在狼群的集體行動中，牠們各自擔負著不同的任務，以一當百，奮勇爭先，把面前的對手殺得狼狽逃竄，直到成為牠們的口中之物。

就以負責警戒的狼來說吧，牠一旦發現情況不妙，就會果斷採取行動，一面向狼群報警，一面故意拋頭露面，向相反的方向跑去，以便把牠們的死對頭引開，確保整個狼群的安全。

像狼一樣能夠獨立完成某一方面的工作，成為獨當一面的強手，那麼對自己來說，是事業成功的保證，對企業來說，是發展壯大的基石。我們每個人都應努力向這個方向發展，為自己、為企業創造騰飛的契機。

得到大批獨當一面的人才是企業的幸事，為此，不少精明的企業家都不惜重金，多方聘請，力爭把這樣的人才挖掘到手。這樣的人才走上了某個部門的主管職位，就會給這個部門增添無盡的活力，給這個企業帶來數以千萬計的收益。

日本新力公司推出了高品質的彩色電視，在日本市場上賣得十分火熱，但奇怪的是，一到了美國，簡直就淪落到「叫花子」的地步，無人理睬，銷量很低。公司的國外部部長迫不得已，只得一而再、再而三地宣佈降價，但越是降價，新力彩電的市場形象就越差，就越是受到顧客的冷淡。

一九七四年七月，卯木肇被重金請入公司，擔任了國外部的新部長。他信心百倍，決定透過自己的努力來改變這一現狀，向世人證明自己獨當一面的實力。

他來到美國，吃驚地發現新力彩電都擺放在廉價出售的舊商品小店裡，落滿灰塵，無人問津。他無限傷感，陷入了長久的思索之中。經過反覆調查，他終於弄明白了事情的原因：在美國有成千上萬個電器銷售商，新力彩電竟沒有和他們中的任何一個取得聯繫，沒能征服他們的心，也就自然不能征服消費者的心了。

他瞭解到芝加哥最大的電器銷售商是馬西瑞爾公司，於是決定從這裡打開突破口，抓住這個行業龍頭，徹底解決銷售問題。但是馬西瑞爾公司久負盛名，又怎會把他們這樣初出茅廬的外國企業放在眼裡？他一連去了三次，都沒見到經理的面。

他不甘心，第四次又去，終於見到了經理，但經理對他十分冷淡，把他連諷刺帶挖苦地嘲弄了好半天。他為了公司的利益，只好忍辱負重，不去計較。回去後，他立刻按照經理的要求，把各家小店裡的降價彩電全部取回，並重新刊登廣告，以便塑造新力彩電的嶄新形象。

一切準備就緒，他又去拜訪經理，不料經理又提出了新的責難，以「售後服務太差」為藉口，斷然拒絕銷售。他接受了經理的意見，又著手籌建特約維修部，並刊登廣告，保證公司的維修人員隨叫隨到。

這一次應該萬無一失了吧，他充滿信心地想。誰知當他見到經理，卻又被當面潑了一瓢涼水。經理傲慢地說：「你們的彩色電視沒有知名度」，仍舊把新力彩電拒之門外。

這一下他被徹底惹火了，決心給他們一點顏色瞧瞧。於是他立即下令自己的部下，每人每天向他們至少打五次電話，反覆要求購買新力彩電。

馬西瑞爾公司的職員不知就理，就把新力彩電列為「待交貨名單」上報經理。經理看了，當即明白是怎麼回事，頓時火冒三丈，把卯木肇叫來，當面嚴詞責問。

卯木肇也不客氣，當即把新力彩電的優點一五一十地又再講了一遍，說得經理無言以對。經理就有意提出了很苛刻的條件，想把他嚇退，但他毫不示弱，據理力爭。最後經理只好鬆了口，答應為他們代銷兩台試試看，如果一個星期內還賣不出去，就再也不會銷售他們的彩電。

卯木肇笑了，他終於贏了關鍵性的一步。他立刻選派兩個能說會道、又年輕英俊的推銷員將兩台彩電送到馬西瑞爾公司，並要求他們務必與馬西瑞爾公司的店員一起推銷，「只許成功，不許失敗」。一定要把這兩台彩電銷售出去。

結果當天下午四點多鐘，兩台彩電就全部賣出去了。馬西瑞爾公司經理也很是高興，立刻又叫他們送了兩台來。

新力彩電在美國的銷路就這樣被打開了。隨著美國公眾對新力彩電的認可，新力公司的知名度也越來越高，到了當年的十二月，就創造了一月銷售七〇〇餘台的銷售紀錄，令馬西瑞爾公司經理刮目相看，主動提出與卯木肇加大合作的計畫，把銷售活動推向更深入。

新力彩電很快佔據了美國市場，並進而橫掃全世界，成為彩電市場上的一大王牌。

能夠獨立把某一方面的工作處理好，就意味著自己具備了獨當一面的才能，就可以成為某個部門的主管；進一步發展下去，還可以自己成立公司，創建自己的事業，這是多麼令人激動的事情啊！

「達新牌」和「三和牌」是台灣市場上兩種款式、品質都相差不大的反光雨衣，為了更好地吸引消費者，佔領市場，兩家公司的廣告部都投入了大量的人力物力，進行廣告宣傳。

「達新牌」的廣告詞是「安全、防雨又漂亮」，雖說想涵蓋自己雨衣的全部優點，但卻出力不討好，並沒有受到消費者的青睞。

而「三和牌」的廣告詞則是「晚上一百公尺都能看到我」，說得既簡潔明快，又好記好懂，突出了雨衣的安全性能，很快深入人心，打開了市場。

這其中的原因是一目了然的，「三和」廠的廣告部經理對廣告業務十分嫻熟，對顧客的心理摸得很透，是個獨當一面的高手，這才脫穎而出，戰勝了競爭對手。

要想在市場競爭中出人頭地，就必須使自己具有獨當一面的勇氣、才能和意識。有了這種勇氣，你就勇於去做別人不敢幹的事情，設計出別人想不到的創意；有了這種才能，你就可以在某一領域盡情施展，戰勝一切考驗，把握住轉瞬即逝的市場機會；有了這種意識，你就能夠積極進取，向自己的惰性和局限挑戰，不斷開創出嶄新的工作局面。

上個世紀五十年代，黑人喬治．詹森創建了自己的公司，專門生產黑人化妝品，初創時公司僅有五百元資產和三名員工，小得無以復加。

儘管如此，他還是始終保持著獨立思考的頭腦，堅持著獨當一面的處事原則，傾注了全部精力來生產「粉質化妝膏」。他費盡心機，與大名鼎鼎的佛雷公司建立了業務聯繫，並藉機打出了十分巧妙的廣告：「當你用過佛雷公司的化妝品之後，再擦上詹森的粉質化妝膏，將會收到意想不到的效果。」

藉助佛雷公司的盛名，詹森趁機抬高了自己的身價，擴大了公司的影響力，迅速佔領了更多的市場份額。幾年後，他就成功地把佛雷公司擠出了黑人化妝品市場，把這個市場變成了自己的獨家天下。

獨當一面的素質是領導素質的核心內容，只有勇於在市場競爭中獨當一面，才能讓自己的事業步步高升，直到走向呼風喚雨的龍頭寶座，威震四方。

堅持到底就是勝利

狼群把自己的耐力發揮到了極限，發揚連續作戰、窮追猛打的狼勁，對馬群拚命追殺。馬群跑得口吐白沫，渾身出汗，有的馬甚至活活跑死，成了狼群的戰利品。

市場競爭所面對的困難和挑戰是難以想像的，我們只有像狼那樣，發揚韌性精神，咬牙堅持下去，熬過最難熬的暗夜，那麼勝利的曙光終究是屬於我們的。

魯迅先生早就深刻地揭示出中國人最深層的性格弱點，他痛心地說：「中國一向就少有失敗的英雄，少有韌性的反抗，少有敢單身鏖戰的武人，少有敢撫哭叛徒的弔客；見勝兆則紛紛聚集，見敗兆則紛紛逃亡。」

這是一種什麼樣的性格弱點呢？魯迅先生把它概括為「缺乏韌性戰鬥精神」，也就是說不能英勇地堅持戰鬥到最後一刻。

魯迅先生不由得感慨萬千，發自肺腑地說：「我每看運動會時，常常這樣想：優勝者固然可敬，但那雖然落後而仍非跑至終點不止的競技者，和見了這樣的競技者而肅然不笑的觀眾，乃正是中國將來的棟樑。」

魯迅先生把堅持到底的「韌性精神」上升到了「中國棟樑」的高度上，給予了相當高的評價，不能不引起我們的深深思索。

「堅持到底就是勝利」，這句話我們都很熟悉，但真正能夠身體力行地做到的，卻屈指可數。原因固然是多方面的，但我們主觀上的軟弱、動搖、盲從、鬆懈，卻是更主要的原因。

草原上的狼群卻不是這樣的，不管在多麼惡劣的處境中，牠們都在頑強地堅持著，為生存而堅持，為勝利而堅持，為繁衍不息而堅持。

狼群追殺馬群，真稱得上驚天動地，驚心動魄。狼群與馬群都在黑夜裡高速奔跑，而狼群的速度和耐力則顯得更加突出。

狼群發揮連續作戰、窮追猛打的狠勁，拚了命地追殺，根本不給馬群絲毫喘息的機會。馬群跑得口吐白沫，渾身出汗，有的馬甚至活活跑死，突然栽倒在地上，就起不來了。狼群同樣跑得筋疲力盡，但狼們仍在頑強堅持，堅持到底就是勝利，只有把自己的耐力發揮到極限，才能取得最終的輝煌戰果。

那些跑不動的小馬、老馬、病馬、弱馬，只要掉了隊，就立刻被狼群圍住咬死。

市場競爭所面對的困難和挑戰是難以想像的，我們只有像狼那樣，咬牙堅持下去，熬過最難熬的暗夜，那麼勝利的曙光終究是屬於我們的。

李澤楷是香港富豪李嘉誠的兒子，但他並不依仗父親的財勢和地位，而是大膽地自己創業，成立了盈科公司，果斷進軍高科技。

在最初幾年，他做過一些高科技專案，也取得了一定的收益，在一九九八年《時代雜誌》評選的全球五十名資訊科技精英中，他被列入其中，名列第三十名。這個成果已經很不錯了，但他卻並不滿足，他決心去做一個更大的項目，擴大公司的影響。

香港政府成立了創新科技委員會，這引起了他的極大關注。他想，香港正在努力發展以資訊技術為代表的高新科技，他可絕對不能錯過這個千載難逢的好時機，香港應該建造一個矽谷式的高科技園地，他正好藉機大顯身手，創造一個輝煌。

透過考察，他決定在香港大學附近，徵地二十六公頃，建設香港的「數碼港」，以容納至少一百五十家高科技公司入駐。

他四處奔走，與多家高科技公司協商，謀求多方的合作。惠普、雅虎、IBM 等八家著名高科技公司對此表現了濃厚的興趣，使他信心倍增。

他立刻起草了一份開發「數碼港」的建議書，親手遞交給資訊科技局局長鄺其志。但當時亞洲金融風暴正愈演愈烈，鄺其志認為風險太大，不予理睬。

雖說碰了個硬釘子，但他卻毫不氣餒。過了三個月，他又一次向鄺其志提交建議書，提出由盈科公司動用自己的資金進行建設，只要政府把開發權交給他就行了。

鄺其志見他如此熱心，終於鬆了口，將他的建議書交給顧問公司進行研究，以確定該項目的可行性。

一個月後，也就是一九九八年十月，香港特首董建華做了新的施政報告，提出香港要大力發展高科技。他聽了報告，非常興奮，立刻又把建議書向董建華和政府要員曾蔭權各遞交一份。曾蔭權看了，很感興趣，立刻指派專家前去協助鄺其志，以便儘快把這一專案做起來。

不久，特區政府就開始和他就這一專案舉行談判。經過反覆的研究和論證，他終於把「數碼港」的建設項目爭取到了自己手裡。一九九九年九月，「數碼港」第一期工程破土動工，隨後就有一批世界著名的高科技公司陸續進駐。美國微軟公司總裁比爾．蓋茨對此也極其關注，專程到香港訪問，與他進行了會談，對「數碼港」的前景給予了極高的評價。

發揚「韌性精神」，堅持到底，最終就必能戰勝一切阻力，獲得勝利。人常說：「失敗是成功之母」，不經過失敗的考驗，勝利的彩虹又怎麼會升起來呢？

有一個韓國人對數十名成功人士進行了調查，寫成了一篇論文《成功並不像我們想像的那麼難》。論文中寫道，他所接觸的成功人士都是舉重若輕、風趣幽默的人，他們把成功看作是一件輕而易舉、水到渠成的事情。他們無一例外地都是認準一件自己感興趣的事情，堅持不懈地做下去，於是成功就自然而然地到來了。

我們常常片面誇大了成功人士在道路上所遇到的艱難險阻，誤認為他們一定曾經苦不堪言，而這是不對的。重要的是堅持下去，即使會遇到一定的阻力，但由於自己所做的事是自己所感興趣的，因此樂在其中。

在具體的市場運作中，也是這樣，當原定的策略遇到了一定的阻力和挫折時，只要認真思考一番，看看既定的方向有沒有錯誤，如果答案是肯定的話，那麼就有必要堅持下去，直到最後一刻。

日本ＳＢ咖喱粉公司曾面臨相當嚴峻的處境，當時咖喱粉市場供大於求，競爭相當激烈，公司的產品大量積壓，經營形勢十分艱難。這時田中總經理走馬上任，他針對當前的形勢，進行了周密的考慮和部署，做出了慎重的決策。

他在日本幾家大報上同時刊登了一則巨幅廣告，聲稱該公司將雇用幾架直升飛機，飛到富士山上空，把咖喱粉撒上去，把白雪皚皚的富士山改變顏色。

廣告一經刊出，就在整個日本掀起了軒然大波。舉國上下都把攻擊的矛頭對準了ＳＢ公司，富士山是日本的象徵，豈能容人如此玷污！儘管也有一些人看出田中是在故布疑陣，但對田中膽敢如此「冒天下之大不韙」，深表憤怒，於是也加入到譴責的行列之中來。

這一切早在田中的預料之中，他不動聲色，任由譴責的聲浪愈演愈烈。在譴責聲中，ＳＢ公司的大名在日本越來越響亮，達到了家喻戶曉的地步，而這正是他所盼望的效果。

到了飛臨富士山撒咖喱粉的前一天，他又在各大報刊上做了一個廣告，宣佈如下決定：鑒於全國上下的一致反對，ＳＢ公司決定放棄原定計劃。

日本公眾興高采烈，慶祝自己的抗議大獲全勝。而這時ＳＢ公司也在進行慶祝活動，因為他們完全達到了預期的目的。

田中的這次行動雖說過於狂妄、過於驚天動地，但卻義無反顧地堅持到底，才使公司聲名遠播，許多廠家商家、小商小販都爭先恐後前來和ＳＢ公司洽談業務，咖喱粉的銷售出現了前所未有的良好勢頭，一時之間居然供不應求。幾年後，公司就發展成實力雄厚、影響深遠、舉足輕重的大公司。

我們都有豐富的才智和充沛的精力，足夠我們用一生的時間，來異常成功地完成一件事。向著一個目標，堅持不懈地做下去，總有一天我們就會滿懷喜悅，握住勝利女神的雙手。

第五章　狼謀：運籌帷幄，精心佈局

第五章 狼謀：運籌帷幄，精心佈局

狼群在進行大規模的打圍行動之前，總要進行細緻的謀劃，掌握獵物的行蹤，瞭解地形地貌，制訂切實可行的攻擊方案，設置誘敵深入的圈套。等一切準備就緒，狼群才展開果斷的圍捕行動。

市場競爭同樣是離不開謀略的。要像狼一樣，在做出經營決策之前，從戰略的高度進行一番細緻的謀劃，全面搜集有關資訊，充分考慮市場狀況，力爭做到目標明確，計畫翔實，行動方案經過科學論證，具有較大的把握性，才可投入具體的行動中。

與市場人士進行談判，也是需要運籌帷幄，精心謀劃的。準備充分，謀而後戰，是取勝的重要前提，我們必須十分認真地對待。

不打沒準備好的仗

狼在戰前總是精心佈局，從踩點、埋伏到攻擊、打圍，都安排得相當嚴密，從而保證了作戰的勝利。

學習狼的智慧，首先就要學會狼的謀略，做一個時時刻刻有準備的商人，努力把事前的準備工作做充分，精心佈局，謀而後戰，才能一戰成功，收穫最可觀的利益。

經商是需要智慧的，在市場上僅憑血氣之勇，一味蠻幹，只會碰得頭破血流，賠得血本無歸。

當對手比自己強大得多時，自己就要設法尋找到對手的弱點所在，力爭把自己的優勢發揮出來，以便更迅速地戰勝對手。

在進行每一項投資之前，都要充分發揮自己的謀算能力、運作能力、控制能力，對這個項目進行科學論證，以便胸有成竹，最大可能地降低失誤，最大限度地獲取利潤。

行動前做好精心的準備是非常重要的，而這就是我們常說的「謀略」。古人講：「運籌帷幄之中，決勝千里之外」，體現了謀略在戰爭中的神奇作用。

商戰中的謀略同樣是決定勝負的關鍵。毫無準備地去投入經營，就像匆忙應戰的軍隊一樣，是註定要吃敗仗的。因此，優秀的企業家都對謀略給予了超出尋常的重視，努力把事前的準備工作做充分，精心佈局，以求一戰成功，收穫最可觀的利益。

這種商戰智慧是與狼的作戰策略息息相通的。狼從不打無準備之仗，戰前的精心謀劃對戰鬥的勝利起到了十分關鍵的作用。

一大群黃羊到河邊喝水，狼王發現這是一個三面環水的河灣，就決定對黃羊實施打圍。狼王在戰前做了周密的部署，前一天夜裡就把狼群埋伏在河邊的草叢裡，守候一夜，耐心等待黃羊的到來。

當黃羊喝水的時候，狼群突然衝出，把河灣的出口牢牢封死，所有的黃羊就被封在河灣裡了，成了狼口中的美食。

狼從不蠻幹，而是精心佈局，從踩點、埋伏到攻擊、打圍，都安排得相當嚴密，從而保證了作戰的勝利，也把狼的高度智慧盡情顯現了出來。

商道如狼道，只有運籌帷幄，精心佈局，才能果斷出擊，在對手意想不到的方向展開強大的攻勢，快速佔領市場，贏得成功。

傑夫·貝索斯是個商業奇才，在他三十歲那年，他已成為華爾街一家大公司的副總裁，掌握著五千萬美元的鉅額資產，擁有很高的地位和十分豐厚的薪水，但他卻突然做出了一個重大決定：辭職！

當時是一九九四年，他無意中發現了一個重大商機，網路用戶正以每年二三〇〇％的速度，呈現出爆炸式的增長。他想，我應該立刻去建立一個網上企業，把它做大，勢必能取得非凡的收益。

他清楚地知道，這樣做是十分冒險的，他將在一夜之間，失去人人羨慕的地位和豐厚薪水，而能否如願以償地成功，還是一個未知數。他經過慎重考慮，最終還是堅定地邁出了自己創業的第一步。

他的辭職決定在一般人看來是十分冒險的，但他卻清楚自己並非是一個遇事毫無準備的冒失鬼。在開業之前，他認真地進行市場調查，列出了二十多種能在網上銷售的商品，然後再從中選出最有潛力的五種，把它們排列了一個順序，分別是圖書、CD、錄影帶、電腦硬體、電腦軟體。

既然圖書行業最有潛力，那就開家網上書店吧。但圖書市場到底怎麼樣呢？他又進一步做了調查，驚喜地發現圖書的利潤相當可觀，而且還便於郵寄，是網上銷售的最合適商品。更讓他驚喜的是，幾乎每個行業都有一個銷售巨頭在呼風喚雨，但圖書市場卻沒有，這不正是天賜良機嗎？

他心裡有了底，下定了決心，就開網路書店吧，把自己做成圖書市場的巨無霸。

目標已定，但自己卻只籌到了一百多萬美元，資金不足，怎麼辦呢？他決定賣出部分股份，來換取所需的鉅額資金。

經過多方奔走，約翰．多爾、溫布萊特等一批有遠見的投資人加盟進來，使他得到了開業所需的全部資金。一九九五年七月，他創辦的「亞馬遜網路書店」正式開業了。

他為自己的企業確定了明確的戰略：「要有最多的品種選擇，要有最實惠的價格，要有最便利的服務方式，還要有最快的服務速度。」

在很短的時間內，亞馬遜網路書店就擁有了一千多萬顧客，徹底擊敗了美國最大的書店——巴諾書店，市值達到了三百億美元，竟比美國最大的兩家書店的市值總和還要多。

一九九七年五月，他公司的股票上市交易，以九美元開盤，到一九九八年十一月，股票竟奇蹟般地上漲到了二〇九美元，這給他帶來了富可敵國的鉅大財富。

他被人們譽為「電子商務教父」、「網路拓荒英雄」，還「由於革命性地改變了全球消費者的購買方式」而被《時代》週刊評為「本年度封面人物」，成為世界級的著名人物，而這時，他才剛剛三十七歲。

謀略是決策的重要組成部分，只要具備高人一等的商業頭腦，敏銳觀察市場中的每一點細微變化，精心做好投資前的每一項準備工作，就能很快地取得投資的收益。

市場人士都要懂得「謀而後戰」的道理，謀在戰之先，只有「謀」得越充分，才能「戰」得越輝煌。

古人說：「謀定而後動，未戰而預算勝者，得算多也；未戰而預算未能勝者，得算少也。算多者，勝也；算少者，敗也；若不算，豈有勝之者乎。勝敗之理，觀乎此。」講的就是同樣的道理。

不論是事關企業全局發展的重大行動，還是某一次具體的行銷活動，都是離不了事前的準備工作的。不要嫌麻煩，不要怕耽誤時間和浪費精力，要知道，準備工作的充分與否對行動的勝負成敗是有很直接的影響的。

對於保險公司業務員喋喋不休的宣傳，許多人都是十分討厭的，客戶的這種態度，會直接影響到保險公司的生意。為改變這一現狀，爭取到更多的客戶，美國布蘭希保險公司事先做了多方面的準備。

他們向廣大客戶發出了幾萬封信件，信中只有保險證明書、調查表和一張優待券。他們在信中一再聲明，他們決不強迫客戶買保險，只是想做一次市場調查，只要客戶把調查表填好，再和優待券一併寄回，就可獲得公司贈送的兩枚精美古幣。

許多客戶相信了他們的話，將調查表寄了回來。公司的業務員就按照信上的地址，一家一戶地上門拜訪，並呈上古幣任由客戶挑選。

在挑選的過程中，業務員和客戶隨意地閒聊，很快就獲得了客戶的好感，拉近了雙方之間的距離。抓住這個時機，業務員開始大講保險的好處，並給予一系列誘人的承諾，吸引客戶購買保險。

結果，透過這種方法，在很短的時間裡，就吸引六千多人參加了保險，收穫了鉅大的經濟效益。

俗話說：「磨刀不誤砍柴功」，在事前花費一定的時間和精力來做準備工作，對自己的市場經營是大有好處的。學習狼的智慧，首先就要學會狼的謀略，做一個時時刻刻有準備的商人，才能在市場競爭中無往而不勝。

目標要有翔實的計畫與步驟為後盾

狼群在作戰之前，計畫是相當翔實的，目標是相當明確的，充分考慮了當時的環境、氣候、地形，正確估量了形勢，把攻擊的步驟安排得環環相扣，以保證戰鬥的勝利。

在商業活動中，做到目標明確、計畫翔實，行動起來針對性就會更強，做事就會更井井有條，經營就會更果敢有力，目標的實現就會更容易。

有經驗的商家都知道，在確定投資項目之前，一定要選定一個明確的目標，並制訂出翔實的行動計畫，才能避免盲動的危險，有效地迴避經營中的風險，取得預想中的成功。

市場競爭是與賭博絕緣的。任何一個以賭博心理進入市場的人，最終總會賠得一塌糊塗。

僅僅憑著血氣之勇和一時衝動，就做出投資決策，就如盲人騎瞎馬一般，是必定要栽到深溝裡去的。

約翰．邁登是個賭場高手，曾經在賭馬中賺了一百萬美元，但他最終卻從賭場中退了下來。他說：「我在幾年前就已退出了賭博，如果我再進賭場，那將會是因為疾病使我的職業嗅覺靈敏了起來。」

有個成功的商家曾對他的員工反覆告誡說：「要牢牢記住，我的公司裡不允許有任何一個人去賭博，哪怕是在業餘時間也不行。」偏好賭博的人會逐步形成賭博心理，凡事只圖僥倖，常常做出不理智的行動，而這是與市場中的投資行為完全相悖的。

頭腦發熱地做出商業決策，就如同賭博一般，對自己的企業是十分有害的。大筆的資金投入了進去，能否得到收益，心裡完全沒底，只是聽天由命，走一步算一步，這樣的商人又怎能取得成功呢？

戰前確定目標，制訂計畫，草原上的狼群早就這樣做了幾千年了，牠們的理智行動，為我們展示了出神入化的戰爭智慧。

草原上出現了大群的黃羊，為達到成功捕獵黃羊的目的，狼王召集巨狼、大狼潛伏到第一線，留神觀察，並進行戰前部署。

作戰計畫是相當翔實的，充分考慮了當時的環境、氣候、地形，正確估量了形勢，把攻擊的步驟安排得環環相扣，確保黃羊乖乖地上鉤。

沒有計劃和目標的戰鬥是註定要失敗的，市場人士定能從中悟到不少東西，來豐富自己的商業實踐活動。

我國現代史上的著名民族企業家劉鴻生就是十分重視戰前的部署的。他在做出戰略決策之前，總要根據自己獲得的資訊，進行深入的分析研究，先逐步形成一個明確的經營目標，隨後再圍繞著這個目標，進一步搜集相關的資訊和情報，全面考慮市場情況和自身的經營狀況，制訂出一個切實可行的行動方案，把行動的每一個細節都周密地考慮到，對可能出現的意外情況都事先想好應對的措施。直到一切準備就緒，他才下定決心，展開行動。

凱蒙斯．威爾遜是美國億萬富翁，他創辦了假日酒店，並把酒店開到了世界各地，擁有房間數多達三十萬張床位，是旅館業的龍頭。他曾受到美國兩屆總統雷根、布希的接見，成為享譽世界的工商業鉅頭。

他創辦假日酒店的計畫來自於一次出遊。一九五一年他開車帶領全家到華盛頓旅遊，在旅途中他發現竟然找不到一家乾淨舒適的汽車旅館來住宿，一家幾口合住一間房，孩子睡在地板上，還要加收費用，這讓他十分生氣。

他想如果自己開一家服務優越、價格便宜的汽車旅館，不是會贏得更多顧客，賺進大把的鈔票嗎？

說做就做，一回到家，他就投入籌畫的設計工作中。他畫了許多張圖紙，把自己的美好設想都畫了出來。他還給旅館起了個好聽的名字，叫做「假日酒店」。

建造賓館式的汽車旅館，這在美國當時還是個新興事物。他經過調查，發現駕駛汽車出遊的人越來越多，較高級的汽車旅館一旦建起來，必將吸引很多的客源。

他對太太說他至少要建四百家旅館，太太非常驚訝，因為這需要很多錢，而他是沒有如此雄厚的資金做後盾的。怎麼辦呢？他經過反覆考慮，終於制訂了一個翔實的貸款計畫。

他先派人拿著他的商業計畫書，找到一家規模比較大的保險公司，聲稱假日酒店是一項很有前途的投資，請保險公司給他一個書面承諾，在他的酒店建成後向他貸款三二·五萬美元。保險公司見有利可圖，就爽快地答應了。

接著他又拿著保險公司的書面承諾，去向銀行貸款。銀行看到保險公司都已經做了擔保，當即就同意了。

他就這樣取得了一筆鉅額的貸款。用「取得承諾」的方式來爭取貸款，是他的首創，顯示了他的聰明才智和商業頭腦。他用這筆資金把酒店建了起來，一九五二年八月一日，第一家假日酒店正式營業了。

他打出「高級膳食，一般收費」的旗號，使他的酒店兼具汽車旅館和高級賓館的所有服務特色，讓顧客在這裡享受到貴賓般的服務。費用相當低廉，他還特別規定，與父母一起住宿的孩子，不另外收費。

假日酒店一開業，生意就十分火熱，常常客滿。但光顧的客人絕對不會在這裡受到冷落，服務員在客滿的情況下，就會主動把客人介紹到附近的旅館去，受到了顧客與附近同業的廣泛好評。

在隨後的日子裡，他採取特許經營的方式，推動假日酒店在美國各地迅速建成。一九六二年十二月，第四百家假日酒店在印第安那州隆重開業，他的夢想終於得到完滿的實現。

有了目標，有了計畫，行動起來積極性就會更強，步驟就會更清晰，做事就會更井井有條，目標的實現就會更容易。

在一般性的工作中，做到了有計劃、有目標，就能避免進行大量重複性的工作，克服人浮於事的機關作風，使自己的每一個員工都能用最少的精力，做出最大的成績，提高工作效率，這是一個現代化大企業所必須達到的理想境界。

在與競爭對手的較量中，明確的目標和翔實的計畫往往是決定勝負的關鍵因素，商家一定要深刻地認識到這一點。

武田製藥公司在台灣市場上知名度很高，他們的產品一直供不應求，獲得了很高的利潤，也因此成為假藥製造者的仿冒物件。在假藥的倡狂進攻下，他們的聲譽受到了嚴重影響，市場銷售出現了下滑的勢頭，造成了相當嚴重的經濟損失。

公司對這種現狀當然不能視若無睹，但究竟應該怎麼做，才能把假藥販子們一網打盡呢？公司進行了反覆商議，終於制訂了翔實的行動計畫，鎖定了明確的行動目標。

公司立刻刊登廣告，進行一項規模空前的「武田製藥愛福彩券」抽獎活動，設立了許多獎項，獎品豐厚，參與的辦法又十分簡單，只要顧客購買他們的「合利他命」一盒，並將空盒寄來，同時在盒蓋上注明購藥者的姓名、住址和出售該藥的店名，就有資格參加抽獎。

這次活動吸引了社會公眾的廣泛參與，成千上萬的藥盒紛紛寄到公司來。公司特地抽派技術人員，對這些空盒進行鑒定，把假藥盒一個一個挑出來，再把空盒上寫的藥店地址抄錄下來，於是造假者的確切情報就被他們完全掌握了。

接著，公司三管齊下，兵分三路，對造假者進行徹底圍剿：一路去向誤購假藥的消費者宣傳，講解假藥的危害和識別假藥的方法，發動廣大消費者自覺行動起來，抵制假藥，使假藥販子無機可乘；一路給販賣假藥的藥店送去嚴正的警告，規勸他們自覺改正；一路聯合執法機關，對製造假藥的地下工廠進行嚴厲打擊，徹底剷除造假者的根據地，擊退造假者的陰謀暗算。

由於公司的計畫翔實，目標明確，所以成果十分輝煌，造假者的囂張氣焰被有效地遏制住了，公司有力地維護了自己的合法利益。

不管進行什麼樣的商業活動，都要首先使自己成為一個謀略家、計畫家、思想家，才能有的放矢地採取行動，牢牢把握住主動權，取得決戰的絕對勝利。

在行動之前，反覆論證是絕對必要的

狼王在行動之前，總要對自己的決策進行反覆論證，以發現其中的有利因素和不利因素，通盤考慮，使計畫更嚴密，務求取得全勝。
對企業的每一次重大行動，商家也要進行類似的論證工作，多方聽取意見，聘請一大批專家，組成「智囊團」，以確保自己的決策更可靠，給自己的商業活動增加一道「護身符」。

對一個大型企業來說，每一次商業行動，都要投入千萬元的資金，規模是相當大的，收益當然也是非同小可的。不過，如果出現決策失誤，所帶來的後果也是十分嚴重的，有時甚至是災難性的。

為保證決策的正確、科學和有效，許多大型企業都聘請一大批專家，組成「智囊團」，來對重大決策進行反覆論證，力爭做到萬無一失，因為他們清楚地知道，一旦展開行動，就很難再有回頭的餘地。

對大型企業是這樣，那麼那些中小型企業、還有剛剛創建的小型公司，要不要也來做類似的論證工作呢？答案是十分肯定的，一定要做，而且還必須花大力氣，堅決做好。

規模較小的企業投資規模雖小，但所能承受的市場風險也很低，一旦陷入失敗的困境，同樣也是災難性的，因此在行動之前做一番深入的論證工作，也是很有必要的。

當然小企業的投資專案沒有大公司那麼龐大、複雜，論證工作也就相對簡單一些。可以自己來進行論證，也可以花錢聘請專家來做，還可以廣泛聽取成功者的經驗，兼聽則明，以便使自己的決策更可靠。

狼群在進行大規模的攻擊行動之前，總是十分慎重的。狼王清楚地知道，一旦失手，對自己的家族來說就意味著毀滅的厄運。

狼王認真察看當地的地理環境，詳細掌握獵物的活動規律，發現其中的有利因素和不利因素，制訂出周密的計畫。從踩點到埋伏，從攻擊到堵截，從打圍到撤退，都全盤考慮，反覆論證，務求取得全勝。

可見，狼群在戰前也是做過嚴密的論證工作的，這充分體現了這一工作的重要意義，是每一個有志於市場競爭的朋友所必須做好的一大功課，千萬不可忽視，否則後果就是不堪想像的。

孫正義是出生在日本的韓國新移民，從小就飽受日本人的歧視，這激發了他強烈的上進心，他決心透過自己的努力，來獲得事業的巨大成功，成為受人尊重的重要人物。

高中還沒畢業，他就來到了美國，決心開創自己的事業。他從雜誌上剪下一張電腦晶片的圖案，時刻帶在身邊，只要有空就拿出來看看，每天睡覺之前還要反覆地看幾眼，以激勵自己向這個領域去不斷努力。

他在美國留學，用勤工儉學賺的很少的一點錢來勉強度日，過得十分艱難。但怎麼樣才能賺取更多的錢呢？他想來想去，決定去搞發明，賣專利。

他下了狠心，對自己提出了嚴格的要求，強迫自己必須每天都至少用五分鐘時間，想出一個發明，然後記在筆記本上。

雖說這樣做是十分艱難的，但他硬是咬牙堅持了下來。一年後，他的筆記本上已經記下了五五〇個發明計畫。他對這些計畫進行反覆比較，認真篩選，最後決定先發明其中的「有聲多國語言翻譯機」。

他認為各國交流正在前所未有地增多，把這種翻譯機放到機場、車站、賓館等外國遊客很多的地方，一定會派上很大用場，前景應當十分樂觀。

項目確定了，但他卻不具備發明的條件，那麼找誰來研製呢？他考慮了很久，決定去拜訪半導體聲音合成晶片的發明人、伯克利著名教授莫紮。莫紮被他的真誠所打動，答應成立研製小組，來研製這種翻譯機。

沒過多久，翻譯機就研製成功了，他帶著這種產品，回到日本推銷，但總是碰壁。他不甘心失敗，繼續找一家家大公司推銷，幾乎跑斷了腿，功夫不負有心人，終於夏普公司用一億日元買下了他的產品。

他飛回美國，把一半錢給了研製小組，把剩下的錢用來成立自己的公司，大約有二百萬美元，公司成立起來了，他開始在校園內經營遊戲機。

雖說有了一定的收入，但他並不滿足，他決心繼續進取，向著自己的人生目標不斷努力。

這年他二十一歲了，他又用了一年的時間，按照原來的老辦法，把自己能夠想到的經營項目一個一個地列在筆記本上，最終一共列出了四十多個項目。

他對這四十多個專案挨個進行了市場調研，詳細製作了它們在十年內的預想損益表、資金周轉表和組織結構圖。每一個專案的調研都是一個浩大的工程，光資料就有三四十公分厚，四十多個專案的資料疊加起來，竟有十多公尺高。

這可是個十分艱難的選擇啊，每個人都只有一個一輩子，路走錯了，再想回頭，就晚了，他可輸不起啊。

他制訂了相當嚴格的選擇標準，從以下四項入手：一看能不能賺大錢，有沒有很好的前途；二看能不能使他自己全力以赴地投入至少五十年；三看在未來的十年時間內能不能使他成為全日本第一；四看別人能不能很容易地模仿到。他按照這四個標準給四十多個專案一個一個地嚴格打分，再按照分數高低，來確定自己的投資方向。

經過這番複雜的嚴格論證，最後電腦軟體批發成了他的首選。目標確定之後，他立刻開始行動，於一九八一年他投資一千萬日元，創辦了「軟庫公司」。

隨後他和日本哈德森公司簽訂了獨家代理合同。哈德森公司是日本軟體行業的巨無霸，每年生產八〇〇多萬種軟體。第二年，他就成為日本最大的軟體批發商。

一九九四年，他的軟庫公司股票上市，很快股價就達到一六〇美元，他擁有公司將近一半的股份，也就是說他至少擁有三十五億美元的個人財產。

孫正義的成功就是論證工作的成功，有了嚴密的論證，他選擇的目標才是收益最大的，他制訂的行動方案才是最切實可行的，於是他最終的勝利才有了十分可靠的保證。

在每一項具體的行銷活動中，也同樣要做大量的論證工作，這有助於提高活動的效率，增強活動的條理性和組織性，收到更佳的行銷效果。

艾柯卡被譽為「銷售奇才」，他在福特汽車公司主管銷售重任，透過精心的策劃，獲得了非凡的成功，為公司賺取了可觀的收益。

當時「野馬」汽車剛剛研製成功，即將推向市場，為了達到一鳴驚人的效果，艾柯卡事先準備了多套方案，進行了反覆論證，以確保萬無一失，營造出轟轟烈烈的局面。

事實正按照他的謀劃在有條不紊地進行：他首先舉辦了規模很大的「野馬汽車大賽」，特邀各大報社的記者前來採訪報導，宣傳的聲勢就此開始了。

在汽車上市的前一天，他又投入鉅資，買下了美國二六〇〇多家報紙的整版廣告，發佈這一重大資訊，使全國上下，婦孺皆知。在最有影響力的《時代週刊》和《新聞週刊》上，他還特別刊登了新穎別致的廣告，用一句「真想不到」的感嘆來強化「野馬」的形象。

與此同時，他還在各大電視台反覆播放「野馬」廣告，為汽車的銷售助威。

在全國的各個大型停車場，他還別出心裁地購置了停放「野馬」汽車的專門位置，並在旁邊矗立巨幅廣告欄，提醒廣大用戶，這裡是「野馬欄」。

在最為繁忙的公眾場合，如飛機場、大酒店等處，他還耗費大量的人力物力，把一輛輛漂亮的「野馬」汽車陳列出來，吸引了千萬人的目光。

他還沒忘利用郵政的功能，向全國各地的幾百萬小汽車用戶郵寄了廣告宣傳品，把「野馬」的廣告做到了國內的每一個角落。

由於事先準備得十分充分，論證得十分嚴密，所以宣傳的行動一展開，就立刻在全國掀起了一陣狂飆，獲得了出人意料的極大成功。原先預計在第一年銷售五千輛，結果「野馬」汽車居然供不應求，石破天驚地銷售了四一八八一二輛，是原計劃的八倍。「野馬」汽車進入市場兩年之後，就收穫了高達十一億美元的純利潤。

艾柯卡的成功首先應歸功於事先的精心謀劃，反覆論證，他巧妙地把多種廣告媒體和廣告方式融為一體，形成了全面式撲天蓋地的廣告戰，創造了廣告史上的一個輝煌，也為他的事業創造了一個奇蹟。他被人們譽為「野馬車之父」，功績卓著，聲名遠播。

論證工作看起來很繁瑣，但卻是商業活動中必不可少的一個環節。對這一工作給予應有的重視，就給自己的商業活動增加了一道「護身符」，最終的勝利就會水到渠成地來到面前。

事先規劃多套應變方案

狼在獵捕馬駒的過程中，就常常備有多套方案，能偷就偷，能搶就搶，實在不行的話就強攻。

市場競爭存在著太多的變數，只有像狼一樣，提前準備多套應急方案，才能使自己在風雲變幻的市場中立於不敗之地，在求得生存的基礎上，再去謀取進一步的發展。

在確定經營策略的過程中，我們必須提前考慮到多種意外情況，如果現行的這套策略實施得不順利，甚至完全遭受失敗，自己應該再採取什麼辦法來挽救？

多準備幾套應急方案，就能讓自己有備無患，不管面對什麼樣的不利處境，都能應對自如，胸有成竹。

美國有一個書商，出了一本新書，不料投入市場之後，卻毫無反應，銷路不暢。他想來想去，想出了一個辦法，於是就費了九牛二虎之力，打通各種關節，終於把這本書送入白宮，放到了總統的書桌上。

總統很忙，當然沒有時間把書細看一遍，只草草看了一下，就禮貌性地給了一句評語：「這本書還不錯。」

書商一聽，頓時喜出望外，立刻打出廣告，到處宣傳：「現有美國總統欣賞的書出售。」立刻吸引了公眾的注意力，這本書很快銷售一空。

過了一段時間，他故技重施，又把另一本書給總統送去。總統上過一次當，對他很惱怒，就說：「這本書很不好。」書商聽了，如獲至寶，立刻四處宣傳：「現有美國總統批評的書出售。」於是，這本書也很快賣完了。

幾個月過去了，他又如法炮製，把第三本書送給總統閱讀。總統上過兩次當，如何肯再被他利用？當即把他的書扔到一邊，連正眼都不看一下。他靈機一動，又到處做起廣告：「現有總統無法評論的書出售。」於是這本書也賣得十分暢銷。

看看，這個書商有多狡猾，不管總統採取什麼態度，都會被他精明地利用，為自己的產品提高知名度。

這幾套應急方案真可以說是滴水不露，總統願意也罷，不願意也好，都會成為書商手中的一張王牌，使書商穩操勝券。

狼在獵捕馬駒（出生不到一歲的幼馬）的過程中，就常常備有多套方案，能偷就偷，能搶就搶，實在不行的話，就組織強攻，用集團作戰的方式來摧毀馬群的防線。

只要強悍的兒馬子（馬群中的馬王，身材壯碩、強健）不在馬駒周圍，狼就會悄悄地摸過去，把馬駒咬死，飽餐一頓。到了夜裡，狼的行動就更加自由了，在夜色的掩護下，偷馬駒就成了狼的家常便飯。

幾十匹兒馬子圍成一圈，把馬群死死保護起來，狼群就組織成軍團，進行猛烈強攻。哪怕被兒馬子踢傷踢死，狼群也要徹底衝垮馬群的防線，使馬群潰不成軍。

一旦出現意外，攻擊無法得手，狼群會立刻撤退，有的大狼衝鋒，有的大狼殿後，眨眼間就會消失在茫茫草原之中。

市場競爭就如同草原上的生存競爭一樣，存在著太多的變數，有許多情況是我們無法預料到的。「天有難測風雲，人有旦夕禍福」，各種意外情況都可能突如其來地降臨，只有提前準備多套應急方案，才能有備無患，在任何情況下都從容不迫，泰然自若。

尤其是在異常危難的形勢面前，多方準備，立足於最壞情況的出現，提前想好對策，就能最大限度地化解危機，為自己贏得艱難的轉機。

三井物產公司是日本的一家大公司，在競爭對手三菱公司的強勁攻勢面前，一敗塗地，僅剩下一座三池煤礦，勉強維持經營。但三菱公司並不善罷甘休，繼續猛追猛打，企圖把三池煤礦也奪到手裡，使三井物產公司徹底滅亡。

三池煤礦是當時日本最大的一座煤礦，雖說經營權還在政府手裡，但銷售權卻一直由三井物產公司所擁有。三菱公司多方遊說，疏通關節，終於說服政府進行公開招標，來決定煤礦的最終歸屬。

招標定在當年的七月三十日，八月一日開標，底價是四〇〇萬日元，必須預付一〇〇萬日元作為保證金，剩下的三〇〇萬日元於十五年內逐步付清。

三井物產公司的處境已經十分艱難，連一百萬日元的保證金都拿不出來。董事長益田孝只好四處借貸，才好不容易把錢籌齊，按時交上了保證金。

在投標的價格上，益田孝更是坐立不安，定不下來。他猜不透三菱公司到底會定出什麼樣的標價，而他只想比對方高出一點點，他是沒有足夠的實力來喊價的。

考慮了幾天幾夜，最終他想了一個辦法，他先用自己的名字投了四一〇萬日元，覺得把握不大，又用假名字投了四五五萬日元，覺得還不夠穩妥，再在後面添上了五千日元，變成了四五五五〇〇〇日元。

投標價格確定了，但他又覺得很心疼，價格太高了，他的經濟又很困窘，萬一三菱公司的標價沒有那麼高，自己豈不是要白白多花幾十萬的冤枉錢嗎？這麼一想，他就又投了一標，定在四二七五〇〇〇日元。

這樣一來，他的心裡才踏實了一些，但在開標的前一天，他還是緊張得一夜沒合眼，畢竟這對他來說，是一場生死之戰啊！

開標的結果公佈了，三菱公司投標四五五萬元，益田孝以五千元的微弱優勢戰勝了對方，保住了三池煤礦。後來，他又付出了異常艱苦的努力，對煤礦進行苦心經營，終於使公司起死回生，重新贏得了發展的良機。

在市場運營中，如果把所有的投資都集中在一個領域中，固然有很多好處，可以集中兵力，造成對自己有利的局部優勢，以便更快地取得階段性的勝利。但同時也意味著比較大的市場風險，一旦在這個領域出現十分不利的局面，那麼自己就將陷入十分被動的困境。

為避免這種情況的出現，許多商家都採取了「多元化經營」的策略，即分散投資，在多個領域同時出擊。即使在某個領域遭遇不測，還會有其他領域的經營在支撐大局，不至於落到全軍覆滅的下場。

霍英東是香港市場上的經營能手，被人譽為「生意場上的中鋒」，他發揮自己在足球場上敢拚敢搶的精神，在香港市場上橫衝直撞，經營的範圍涉及十幾個領域，項目又多又雜，令人目不暇接。

他曾先後涉足建築、航運、酒樓、旅館、雜貨、淡水等領域，形成一個十分龐大的工商業體系。在這些領域中，他傾注了較多精力的行業是房地產，收益也最為可觀。

我們不能不驚嘆他精力的充沛和體能的旺盛，竟能把如此眾多、又互不關聯的生意同時兼顧到，而且還都做得那麼成功。他樂此不疲，在眾多的行業中施展手腳，因為他十分清楚，即使某一行業出現了市場疲軟的狀況，影響了他的生意，但他在其他領域的收益卻完全可以彌補損失，他照樣不斷收穫財富。

能夠從最壞處著想，多準備幾套應急方案，就可以使自己在風雲變幻的市場中立於不敗之

圈套—就是先設圈，再引人入套

狼群先在牧民的羊圈附近縱聲長嗥，吸引了牧民、獵狗們的注意力。與此同時，狼群的主力卻悄悄來到馬群旁邊，進行偷襲，使馬群損失嚴重。學學狼的智謀，進行精彩的佈局，設置一些令人防不勝防的圈套，誘使對方上鉤，就能有效地擊敗對方，壯大自己，取得市場競爭的輝煌勝利。

俗話說：「同行是冤家」，同處在一個行業中，進行著你死我活的競爭，只有把對手徹底擊垮，才能使自己迅速壯大起來，這是放之四海而皆準的真理。

石油大王洛克菲勒為了擠垮自己的競爭對手，曾經設下十分毒辣的圈套，把眾多的對手們置於無法求生的絕境，然後再把它們一個一個地吞併掉。

當時美國內戰剛剛結束，國民經濟得到了強勁增長，刺激得石油行業一派繁榮。商家見有利可圖，都紛紛前去開採油井，致使石油生產嚴重過剩，供過於求，油價不斷走低。「石油生產者聯盟」進行了強有力的干預，但也只能使油價勉強維持在每桶四美元左右。

實力強大的洛克菲勒正以他的標準石油公司為依託，野心勃勃地向外擴張。他制訂了一個計畫，先抽調鉅資，向石油商們宣佈，自己打算以每桶四美元七五美分的高價進行大量收購。石油商們一聽，頓時喜出望外，本已面臨困境，現在好了，大救星來了，於是他們迫不及待地與洛克菲勒簽訂了協議，然後又放心大膽地去開採石油了。

但他們都太天真了，他們甚至連協定的內容都沒有細細研究，以至於疏忽了十分重要的字眼：在協議上，並沒有寫明洛克菲勒會把他們開採的石油全部都收購，也沒有寫明收購的時間是幾天、幾個月還是幾年。這些本不應有的疏忽，將在不久的將來，對他們造成毀滅性的打擊。

洛克菲勒付出了一筆鉅資，誘使石油商們中了他的圈套，於是新的油井不斷被開掘出來，石油產量越來越高。洛克菲勒見時機成熟，就立刻宣佈，目前石油供應嚴重飽和，他已無力再繼續高價收購，只好將原協定中止，改以每桶二美元五〇美分的超低價格來收購。

驚聞此訊，石油商們欲哭無淚：他們已經開採了更多的油井，如果不向洛克菲勒出售石油，就只能破產；如果以低價出售，同樣是虧損累累，走向最終的破產。在進退都是死路的絕境中，他們只好把自己的油井低價賣給了洛克菲勒。

原屬石油生產者聯盟的絕大多數企業就這樣被洛克菲勒吞併了，聯盟土崩瓦解，而洛克菲勒的石油帝國卻從此崛起了。

為確保這一計謀的順利實施，老奸巨猾的洛克菲勒還抽出鉅資，完全控制了鐵路運輸經營權。他非常清楚，如果不把鐵路運輸抓到自己手裡，就會讓石油商們透過鐵路運輸把石油運往別的地方，尋找到別的市場，也就等於給競爭對手留下了一條生路，而這是計畫中完全不能容忍的。

洛克菲勒的吞併策略，佈局完美，環環相扣，招招狠辣，毫不留情，最終把對手們全部引入圈套中，如同甕中捉鱉，手到擒來，令人嘆為觀止。他強大的經濟實力是這一計謀的堅實基礎，很難想像，一個實力平平的商家，就是有再大的野心，又怎能把這麼多的競爭對手們都一戰全殲呢？

洛克菲勒所設置的圈套是完美而狠辣的，他的經商手段和狼又是多麼的相似，只有像狼那樣富於智慧、又心如鐵石，才能做出這樣精彩的佈局，把競爭對手一口吞下。

狼群在牧民的羊圈附近縱聲長嗥，吸引牧民們把注意力全部放到羊群身上。與此同時，狼群的主力卻悄悄地來到馬群旁邊，進行了偷襲，使馬群損失嚴重。

事後牧民們才發現，在羊圈附近的狼群是虛張聲勢，實施佯攻，對牧民進行牽制，而在馬群方向的攻擊才是主攻，狼王、巨狼、大狼都親自參與，攻擊力度相當強。

狼的智慧和謀略永遠是我們學習的榜樣，從狼的一系列行動中，我們看到的是強者與智者的完美結合。學學狼的這些謀略，能使我們在市場競爭中獲益非淺。

我們設置的圈套在多數情況下都是給競爭對手的，但在有的時候，我們也會把一些小小的圈套送給自己的合作夥伴，為的是增進雙方的合作基礎，使自己得到更有利的局面。

日本新力公司在成立初期，率先開發了小型晶體管收音機，總裁盛田昭夫專程攜帶新產品趕赴美國，為打入美國市場進行商業談判。

經過一番奔波、宣傳，他與美國一個著名的經銷商相識。那個經銷商對他的產品很是看好，讓他詳細開列從五千、一萬、三萬、五萬到十萬台收音機的報價單。

他非常興奮，一下子遇到這麼一個大買主，公司就會很快財源廣進了。但轉念一想，不行，新力公司還處在初創階段，規模很有限，每月的生產能力只有一千多台，如果貿然接下這麼大的訂單，是會把企業壓垮的。如果強行擴大生產規模，必然要加大投資，所要冒的市場風險也是相當大的。

然而如果放棄這筆訂單，又顯得十分可惜，像這樣的大買主，是很不容易遇到的。機會稍縱即逝，錯過了這次機會，對公司的負面影響也將是長期的。

他陷入了長久的思考中，終於想出了一個辦法，於是就列出了一個十分奇特的報價單：以五千台為起點，一萬台的報價最低，之後逐步回升，十萬台的單價最高。

那個經銷商看了，很是驚訝，忙問為何如此。盛田昭夫據實相告，經銷商聽了，對他豎起了大拇指，連連誇他設想得周到，接著就與他簽訂了訂購一萬台的合同。

新力公司在此基礎上，經過幾十年的發展，創造了輝煌的奇蹟，成為舉世聞名的世界品牌。

有了精心的謀劃，就有了令人防不勝防的圈套，這樣的謀略每時每刻都在市場中出現，閃耀著智慧的奪目光芒。就以那些眼花繚亂的廣告來說吧，何嘗不是一個個誘人的圈套，在拋向消費者，意謀把消費者誘上鉤呢？

黃楚九是個頭腦相當靈活的大商人，在上個世紀的上海灘，他透過經營藥品發達起家，成了當時首屈一指的大富翁。

但他並不滿足於僅僅經營藥店，為了和英美煙草公司爭搶市場，他特意開了一家福昌煙公司，獨樹一幟地推出了「小囡牌」香煙。為擴大影響，他特意包下《申報》、《大公報》等當時幾家上海大報的第一版廣告，一連幾天地刊登。

第一天，整個版面上只有一隻碩大的套紅雞蛋，旁邊沒有一個文字說明，引得人們議論紛紛，急切地盼望第二天的報紙，想看個究竟。

第二天，版面有了新的變化，上面出現了一根小孩子的髮辮，這更勾起了讀者的好奇心。到了第三天，一個胖胖的小娃娃出現在報紙上，但仍沒有出現一個字的文字說明。第四天的報紙到了讀者手中，大家這才得到了謎底，上面寫著一行大字「祝賀大家早生貴子」，下面宣佈福昌煙公司特向大家敬獻「小囡牌」香煙，在「小囡」降生的大喜日子裡，公司特向讀者諸君贈送紅蛋。

讀者這才恍然大悟，心裡立刻對這種香煙充滿了急切的渴盼之情。

誰知更奇的還在後面，黃楚九當真說到做到，親自坐著汽車，走街串巷，把紅蛋送到人們的手中。

這樣一來，「小囡牌」香煙就成了上海人談論的中心，人們無不以品嘗這種香煙為樂趣，於是英美煙草公司的生意明顯蕭條下去。

圈套是自己設置給別人的，但與此同時，別人也會設置一些相當險惡的圈套來誘逼我們，在商場上跌打滾爬的人們一定要提高警惕，以防自己一時不慎，而誤入別人的圈套中，落得慘敗的可悲下場。

以絕對的主動牽制對方，讓對手處於被動

狼群開始長嗥，獵狗立刻狂吠著還擊。狼嗥突然停了，獵狗仍在叫著。只要獵狗一停，狼群的長嗥又驚天動地地響起，於是獵狗又匆忙應戰。只有像狼一樣充滿耐心，富於機智，才能把握住談判的主動權，牽著對方的鼻子走，在談判桌上取得意想不到的收益。

古人說：「三寸不爛之舌，勝似百萬雄師。」在企業運營中，是少不了與合作夥伴、競爭對手進行商業談判的。市場中的成功者全都是談判的高手，他們善於透過談判為自己爭取更大的利益，為日後的發展打下基礎。

在談判桌上，雙方都顯得和顏悅色，彼此似乎十分投機，談笑風生，但當事雙方卻都十分清楚，大家心裡都是有一個「小算盤」的，不到最後階段，誰都不會輕易地把自己的底牌亮出來，而是都在千方百計地尋找對方的破綻，以便為自己爭取更有利的局面。

談判桌上的較量不僅是實力的較量，而且更是智慧的較量、膽識的較量、毅力的較量、耐心的較量，能笑到最後的人，往往具備非凡的膽識與智慧，能在一派和氣中，耐心地等待機會，精心佈局，引誘對方上鉤。

狼躲在馬群附近，貼著地慢慢爬行。不用抬頭看，狼就能感覺到周圍幾匹馬的位置。只要強悍的兒馬子不在附近，狼就立刻出擊，把馬駒咬死。

狼還會故意拋出誘餌，引誘馬駒上當。狼把身子藏在草叢中，仰面朝天，只把四隻狼爪伸出，輕輕搖晃。馬駒看到了，不知道那究竟是什麼東西，就好奇地跑過來看，結果就被狼一口咬死了。

約克·皮爾龐特·摩根是美國華爾街的風雲人物，也是一個像狼一樣既智慧、又狠辣的商場梟雄，他創立了龐大的摩根體系，一度控制了全美國將近四分之一的資產，富可敵國，令人望而生畏。

石油大王洛克菲勒同樣不是一盞省油的燈，他用盡各種手段，擠垮了眾多的競爭對手，建立起了龐大的石油帝國。

這兩大鉅頭坐到談判桌上，雙方鬥智鬥勇，就顯得異彩紛呈了。

梅瑟比礦山富含鐵礦，正被洛克菲勒佔據著，但可惜的是，洛克菲勒卻對它的價值毫不知情，致使鐵礦遲遲得不到開採。

摩根得知消息，就立刻決定，想方設法把它買下來，由自己來組織開採。於是他親自登門，向洛克菲勒說明來意。洛克菲勒並不清楚他此舉的意向，就含糊地表示自己已退居二線，公司已經交給自己的兒子來管理了。

摩根碰了釘子，知道洛克菲勒老奸巨猾，不好對付，就決定直接會見小洛克菲勒，從小洛克菲勒這裡打開突破口。

小洛克菲勒一見摩根，就立刻聲明，這座礦山是絕對不賣的。摩根只是抽著雪茄，微笑著盯著他，把他盯得一陣惶恐。然後摩根突然問他：你到底要賣多少錢？

小洛克菲勒更慌了，他沒想到狡猾的摩根早已看透了他心底的秘密，剛才聲稱不賣，正是為了後面的漫天要價。事已至此，他就只好報價了，艱難地吐出「七五〇〇萬美元」這幾個詞。

摩根笑了，笑得更加迷人，他早已做過調查，知道洛克菲勒購買這座礦山只花了五十萬美元，顯然這個報價十分離譜，簡直是在訛詐了。他又意味深長地把小洛克菲勒看了好幾分鐘，然後與他握手告別。他心裡清楚，洛克菲勒才是真正的當家人，對小洛克菲勒，只要給予足夠的震懾、摸清他們的底牌就足夠了。

過了幾天，他又一次拜訪洛克菲勒。他直截了當地指出七五〇〇萬美元簡直是個天大的玩笑，任何人都是不可能接受的。他願意雙方合作，他拿自己炙手可熱的ＵＳ鋼鐵公司股票來交換這座礦山。ＵＳ鋼鐵公司股票在當時是十分吃香的，他本不願意讓給洛克菲勒，但和七五〇〇萬美元的天價相比，還是十分划算的。

洛克菲勒聽了，心裡非常高興，他對ＵＳ鋼鐵公司股票早已垂涎三尺，現在終於可以得償所願了。但他決不願意十分爽快地答應對方，而是故意做出一副考慮考慮的姿態，以便再為自己爭取一些利益。

一個星期後，在洛克菲勒的授意下，小洛克菲勒去和摩根正式談判，進行了一番激烈的討價還價，最終簽署了協議。摩根付出了一定的代價，終於把這座礦山收歸自己名下。

在這場艱難的談判中，摩根始終掩藏起了奪取礦山的真實目的，展現給對方一派和善的外表、一臉真誠的笑容，他有時談笑風生不動聲色，有時威風凜凜不可侵犯，或拋出誘餌引其上鉤，或斤斤計較討價還價，把陰謀和智慧運用得十分徹底，才最終達到了自己的目的。

談判作為商戰中的一個策略和手段，是需要掌握高超的人際交往能力和技巧的，它透過面對面的交鋒，以口舌之爭，把雙方智慧的高下充分展示了出來。

在談判之前，一定要做好充足的準備，切實瞭解對方的動機、需要、長遠目標，透徹掌握對方談判人員的個性、心理、許可權，還要充分考慮談判的時間、環境、地點，為自己制訂出切實可行的談判策略，才能做到有的放矢，把談判的主動權始終把握在自己手裡。

對自己的談判人員，必須全面考察他們的各方面素質，要求他們必須具有靈敏的反應能力、深刻的理解能力、流利的口頭表達能力、高度的外語會話能力等等。談判人員選派恰當，就能在談判桌上輕鬆地擊敗對方，收穫超出預期的利益。

在談判的過程中，要特別重視談判技巧的運用。要根據對方的具體情況，決定談判策略的具體運用：攻要攻得有理有據，綿裡藏針；守要守得滴水不露，堅持原則。該忍則忍，該爭則爭，進退有據，攻守適度。「有理、有利、有節」，是談判過程中必須遵守的三大原則。

自己的原則立場要毫不動搖地堅持到底，在談判過程中可反覆陳述自己的觀點，言辭懇切地表達自己的誠意和立場。遇到談判不暢的時候，千萬不可感情用事，所謂：交易不成仁義在，即使談判不成功，只要保持業務上的往來，就能給下一次合作打下基礎。一言一行都要千萬慎重，片刻的出言不慎，就有可能被對方抓住把柄，乘機進攻，使自己陷入被動。

如果在正式的談判場合無法達成協定，那麼還可以尋求場外的非正式談判。由於缺少了正式場合的嚴肅氣氛，雙方就有了心平氣和進行交流的機會，談天說地，飲酒吃飯，娛樂消遣，就有可能取得某種共識，再進一步達成最終的協定。

在談判的全過程中，要想方設法地摸清對方的底牌，掌握對方更多的情報，以確定自己在談判中的至關重要的幾個環節。但在這樣做的時候，一定要牢牢記住，對方也會採取同樣的手段來探聽自己的虛實。

談判是一項極費智力、精力的艱苦工程，需要我們付出極大的熱心、耐心、細心才能完成。僅僅靠著三言兩語、杯來盞往的交情就搞定，是很不現實的，也是註定會失敗的。

有太多太多的問題都需要時間去解決：對對方的瞭解程度，對對方心理和需求的把握程度，對雙方合作的風險與收益比例、對達成協議的癥結性問題等等。還有雙方之間存在的巨大分歧，更是需要用時間來慢慢彌合。因此我們一定要樹立打「持久戰」的決心，絕對不能急於求成，使協議向著有利於對方的方向傾斜。

狼群的長嗥響了起來，牧民們的狗立刻用狂吠進行猛烈還擊，一時間，狗吠狼嗥，響徹天地。

狼嗥突然停了，狗仍在此起彼伏地叫著。過了一會兒，狗叫不動了，就停了下來。只要狗一停，狼的長嗥又驚天動地地響起，於是狗們又匆忙應戰。如此幾個回合，狗們都始終被動地應付著，被狼群徒然地消耗了精力。

只有像狼一樣充滿耐心，富於機智，才能把握住談判的主動權，牽著對方的鼻子走，使勝利的勝算逐漸增多。

美國的一家大型航空公司計畫籌建航空站，但建設費用過於高昂，致使籌建工作遇到了很大困難。其中電力公司的電價一直居高不下，對籌建工作影響甚大。為改變現狀，航空公司派出代表，前去與電力公司談判，希望能使電費更優惠一些。

但電力公司又怎麼會把手裡的利潤白白讓出呢？因此他們堅決拒絕了降低電價的要求。航空公司頓時大怒，向電力公司發出最後通牒，宣稱如不答應自己的條件，就將放棄使用電力公司的供電，而決定自建發電廠。

電力公司立刻慌了，失去了航空公司這個大客戶，電力公司的效益將大受影響，和優惠電價相比，實在是微不足道。兩相權衡，電力公司馬上登門道歉，爽快地答應了航空公司的全部要求。

電話談判是一種省時、省力、成本很低的談判方式，常常能在很短的時間裡達成口頭協議，但談判的不可靠程度與所帶來的風險都是相當高的，如果不是相知甚深的商業夥伴，或是已經具備了一定的談判基礎，都不要奢望採取這種省事的方式。

不管是哪種方式的談判，只要自己準備得比對方更充分，局面就會對自己更有利一些。談判人員務必以高度的責任感和強烈的事業心，嫻熟地使用各種談判技巧，為自己的企業爭取更大的利益，開創更大的發展空間。

職場生活

01	公司就是我的家	王寶瑩	定價：240元
02	改變一生的156個小習慣	憨氏	定價：230元
03	職場新人教戰手冊	魏一龍	定價：240元
04	面試聖經	Rock Forward	定價：350元
05	世界頂級CEO的商道智慧	葉光森 劉紅強	定價：280元
06	在公司這些事，沒有人會教你	魏成晉	定價：230元
07	上學時不知，畢業後要懂	賈 宇	定價：260元
08	在公司這樣做討人喜歡	大川修一	定價：250元
09	一流人絕不做二流事	陳宏威	定價：260元
10	聰明女孩的職場聖經	李娜	定價： 220元
11	像貓一樣生活，像狗一樣工作	任悅	定價：320元
12	小業務創大財富一直銷致富	鄭鴻	定價：240元
13	跑業務的第一本Sales Key	趙建國	定價：240元
14	直銷寓言--激勵自己再次奮發的寓言故事	鄭鴻	定價：240元
15	日本經營之神松下幸之助的經營智慧	大川修一	定價：220元
16	世界推銷大師實戰實錄	大川修一	定價：240元
17	上班那檔事--職場中的讀心術	劉鵬飛	定價：280元
18	一切成功始於銷售	鄭鴻	定價：240元
19	職來職往--如何找份好工作	耿文國	定價：250元
20	世界上最偉大的推銷員	曼尼斯	定價：240元
21	畢業5年決定你一生的成敗	賈司丁	定價：260元
22	我富有，因爲我這麼做	張俊杰	定價：260元
23	搞定自己 搞定別人	張家名	定價：260元
24	銷售攻心術	王擁軍	定價：220元
25	給大學生的10項建議：祖克柏創業心得分享	張樂	定價：300元
26	給菁英的24堂心理課	李娜	定價：280元
27	20幾歲定好位；30幾歲有地位	姜文波	定價：280元

身心靈成長

01	心靈導師帶來的36堂靈性覺醒課	姜波	定價：300元
02	內向革命-心靈導師A.H.阿瑪斯的心靈語錄	姜波	定價：280元

03	生死講座——與智者一起聊生死	姜波	定價：280元
04	圓滿人生不等待	姜波	定價：240元
05	看得開放得下——本煥長老最後的啓示	淨因	定價：300元
06	安頓身心--喚醒內心最美好的感覺	麥克羅	定價：280元
07	捨不得		
	捨得是一種用金錢買不到的獲得	檸檬公爵	定價：260元
08	放不開--你爲什麼不想放過自己？	檸檬公爵	定價：260元

城市狼族

01	狼噬：強者的生存法則	麥道莫	定價：240元
02	狼魂：狼性的經營法則	麥道莫	定價：260元
03	狼謀：智慧生存的72條狼性法則		
04	狼顧：狼性的經營與管理		

世界菁英

01	拿破崙全傳：世界在我的馬背上	艾米爾路德維希	定價：320元
02	曼德拉傳：風雨中的自由鬥士	謝東	定價：350元
03	朴槿惠傳：只要不絕望，就會有希望	吳碩	定價：350元
04	柴契爾夫人傳：英國政壇鐵娘子	穆青	定價：350元
05	梅克爾傳：		

經典中的感悟

01	莊子的人生64個感悟	秦漢唐	定價：280元
02	孫子的人生64個感悟	秦漢唐	定價：280元
03	三國演義的人生64個感悟	秦漢唐	定價：280元
04	菜根譚的人生88個感悟	秦漢唐	定價：280元
05	心經的人生88個感悟	魯衛賓	定價：280元
06	論語的人生64個感悟	馮麗莎	定價：280元
07	老子的人生64個感悟	馮麗莎	定價：280元
05	易經的人生64個感悟	魯衛賓	定價：280元

國家圖書館出版品預行編目資料

狼魂：狼性的經營法則 / 麥道莫 作一版.

-- 臺北市：廣達文化, 2014.5

面 ; 公分. -- (都市狼族：2)(文經閣)

ISBN 978-957-713-548-3(平裝)

1.企業管理　2.組織管理

494　　　　1030006217

書山有路勤為徑
學海無涯苦作舟

狼魂：狼性的經營法則

作　者：麥道莫
叢書別：城市狼族 02
出版者：廣達文化事業有限公司

文經閣企畫出版
Quanta Association Cultural Enterprises Co. Ltd
編輯執行總監：秦漢唐

編輯所：臺北市信義區中坡南路 287 號 5 樓
通訊：南港福德郵政 7-49 號
電話：27283588　傳真：27264126

E-mail：siraviko@seed.net.tw
www.quantabooks.com.tw

製　版：卡樂製版有限公司
印　刷：大裕印刷排版公司
裝　訂：秉成裝訂有限公司

代理行銷：創智文化有限公司
23674 新北市土城區忠承路 89 號 6 樓
電話：02-2268-3489　傳真：02-2269-6560

CVS 代理：美璟文化有限公司
電話：02-27239968　傳真：27239668

一版一刷：2014 年 5 月
定 價：260 元

在競爭中不存在著謙讓

在競爭中不存在著謙讓